KB199637

똑똑한 **하루**

빅터
연산

Chunjae
Makes
Chunjae

▼

기획총괄	박금옥
편집개발	지유경, 정소현, 조선영, 최윤석,
	김장미, 유혜지, 정하영, 김혜진, 유가현
디자인총괄	김희정
표지디자인	윤순미, 심지현
내지디자인	이은정, 김정우, 퓨리티
제작	황성진, 조규영
발행일	2024년 8월 15일 초판 2024년 8월 15일 1쇄
발행인	(주)천재교육
주소	서울시 금천구 가산로9길 54
신고번호	제2001-000018호
고객센터	1577-0902

똑똑한 **하루**

지루하고 힘든 연산은

쉽고 재미있는 **빅터연산으로 연산홀릭**

4·B
초등 4 수준

빅터 연산 단/계/별 학습 내용

빅터 연산

구성과 특징

4단계 **B권**

흥미

1 분수의 덧셈

만화로 흥미 UP

학습할 내용을 만화로 먼저 보면 흥미와 관심을 높일 수 있습니다.

개념 & 원리

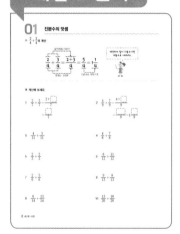

01 진분수의 덧셈

개념 & 원리 탄탄

연산의 원리를 쉽고 재미있게 확실히 이해하도록 하였습니다.
원리 이해를 돕는 문제로 연산의 기본을 다집니다.

정확성

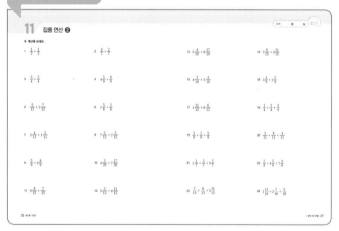

11 집중 연산 ❷

집중 연산

집중 연산을 통해 연산을 더 빠르고 더 정확하게 해결할 수 있게 됩니다.

다양한 유형

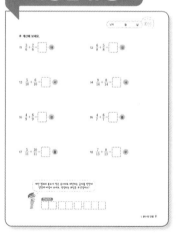

다양한 유형으로 흥미 UP

수수께끼, 연상퀴즈 등 다양한 형태의 문제로 게임보다 더 쉽고 재미있게 연산을 학습하면서 실력을 쌓을 수 있습니다.

Contents

차례

1 분수의 덧셈

학습내용

▶ 진분수의 덧셈
▶ (대분수)＋(진분수)
▶ (진분수)＋(대분수)
▶ (대분수)＋(대분수)
▶ 세 진분수의 덧셈
▶ 대분수가 섞여 있는 세 분수의 덧셈

01 진분수의 덧셈

✚ $\dfrac{2}{4}+\dfrac{3}{4}$의 계산

분자끼리 더하기

$$\dfrac{2}{4}+\dfrac{3}{4}=\dfrac{2+3}{4}=\dfrac{5}{4}=1\dfrac{1}{4}$$

분모는 그대로   가분수는 대분수로

계산하여 답이 가분수이면 대분수로 나타내요.

● 계산해 보세요.

1 $\dfrac{2}{7}+\dfrac{3}{7}=\dfrac{2+\boxed{}}{7}$

$=\dfrac{\boxed{}}{7}$

2 $\dfrac{4}{9}+\dfrac{7}{9}=\dfrac{4+\boxed{}}{9}$

$=\dfrac{\boxed{}}{9}=1\dfrac{\boxed{}}{9}$

3 $\dfrac{4}{11}+\dfrac{3}{11}$

4 $\dfrac{4}{8}+\dfrac{7}{8}$

5 $\dfrac{2}{3}+\dfrac{2}{3}$

6 $\dfrac{6}{12}+\dfrac{11}{12}$

7 $\dfrac{2}{6}+\dfrac{5}{6}$

8 $\dfrac{9}{13}+\dfrac{8}{13}$

9 $\dfrac{6}{14}+\dfrac{13}{14}$

10 $\dfrac{13}{20}+\dfrac{18}{20}$

● 계산해 보세요.

11 $\dfrac{3}{6} + \dfrac{2}{6} = \boxed{}$ 여

12 $\dfrac{6}{8} + \dfrac{5}{8} = \boxed{}$ 검

13 $\dfrac{5}{10} + \dfrac{6}{10} = \boxed{}$ 씨

14 $\dfrac{9}{14} + \dfrac{8}{14} = \boxed{}$ 늬

15 $\dfrac{4}{9} + \dfrac{6}{9} = \boxed{}$ 정

16 $\dfrac{4}{7} + \dfrac{6}{7} = \boxed{}$ 름

17 $\dfrac{5}{11} + \dfrac{10}{11} = \boxed{}$ 줄

18 $\dfrac{7}{13} + \dfrac{8}{13} = \boxed{}$ 무

계산 결과의 분모가 작은 순서대로 해당하는 글자를 빈칸에
알맞게 써넣어 보세요. 연상되는 과일은 무엇일까요?

연상퀴즈

| | | | , | | | | | | | , | | | |

02 분수 부분끼리의 합이 진분수인 (대분수)＋(진분수)

✤ $2\frac{1}{4}+\frac{2}{4}$의 계산

자연수 부분은 그대로

$$2\frac{1}{4}+\frac{2}{4}=2+\left(\frac{1}{4}+\frac{2}{4}\right)=2\frac{3}{4}$$

분수 부분끼리 ⊕

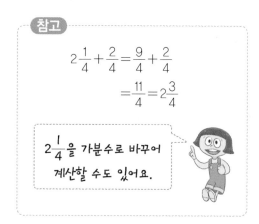

참고

$$2\frac{1}{4}+\frac{2}{4}=\frac{9}{4}+\frac{2}{4}$$
$$=\frac{11}{4}=2\frac{3}{4}$$

$2\frac{1}{4}$을 가분수로 바꾸어 계산할 수도 있어요.

● 계산해 보세요.

1   $1\frac{2}{6}+\frac{3}{6}=1+\left(\dfrac{\boxed{}}{6}+\dfrac{\boxed{}}{6}\right)$
   $=1\dfrac{\boxed{}}{6}$

2   $2\frac{5}{11}+\frac{2}{11}=\dfrac{\boxed{}}{11}+\dfrac{2}{11}$
   $=\dfrac{\boxed{}}{11}=2\dfrac{\boxed{}}{11}$

3   $4\frac{2}{7}+\frac{3}{7}$

4   $6\frac{2}{5}+\frac{2}{5}$

5   $2\frac{3}{9}+\frac{4}{9}$

6   $3\frac{5}{8}+\frac{2}{8}$

7   $3\frac{12}{24}+\frac{5}{24}$

8   $5\frac{2}{13}+\frac{9}{13}$

9   $5\frac{8}{19}+\frac{7}{19}$

10   $2\frac{11}{35}+\frac{13}{35}$

● 계산해 보세요.

11 Ⓔ $1\dfrac{1}{7}+\dfrac{2}{7}$

12 Ⓒ $2\dfrac{5}{7}+\dfrac{1}{7}$

13 Ⓟ $4\dfrac{2}{7}+\dfrac{2}{7}$

14 Ⓛ $3\dfrac{1}{9}+\dfrac{1}{9}$

15 Ⓔ $1\dfrac{2}{9}+\dfrac{3}{9}$

16 Ⓐ $3\dfrac{5}{9}+\dfrac{2}{9}$

17 Ⓟ $2\dfrac{3}{15}+\dfrac{4}{15}$

18 Ⓙ $4\dfrac{9}{15}+\dfrac{2}{15}$

19 Ⓘ $1\dfrac{7}{15}+\dfrac{7}{15}$

20 Ⓤ $2\dfrac{5}{15}+\dfrac{8}{15}$

계산 결과가 적힌 칸에 해당하는 알파벳을 써넣어 보세요. 어떤 음료수가 나오나요?

$3\dfrac{7}{9}$	$4\dfrac{4}{7}$	$2\dfrac{7}{15}$	$3\dfrac{2}{9}$	$1\dfrac{5}{9}$	$4\dfrac{11}{15}$	$2\dfrac{13}{15}$	$1\dfrac{14}{15}$	$2\dfrac{6}{7}$	$1\dfrac{3}{7}$

03 분수 부분끼리의 합이 진분수인 (진분수)+(대분수)

✤ $\dfrac{1}{5}+4\dfrac{2}{5}$의 계산

$$\dfrac{1}{5}+4\dfrac{2}{5}=4+\dfrac{3}{5}=4\dfrac{3}{5}$$

분수 부분끼리
더하기

$\dfrac{1}{5}+\dfrac{2}{5}$

$4\dfrac{2}{5}$를 가분수로 바꾸어
계산할 수도 있어요.

● 계산해 보세요.

1   $\dfrac{1}{4}+2\dfrac{2}{4}=2+\left(\dfrac{\boxed{}}{4}+\dfrac{\boxed{}}{4}\right)$

$=\boxed{}\dfrac{\boxed{}}{4}$

2   $\dfrac{2}{7}+1\dfrac{3}{7}=\dfrac{2}{7}+\dfrac{\boxed{}}{7}$

$=\dfrac{\boxed{}}{7}=\boxed{}\dfrac{\boxed{}}{7}$

3   $\dfrac{4}{8}+4\dfrac{1}{8}$

4   $\dfrac{3}{6}+5\dfrac{2}{6}$

5   $\dfrac{2}{5}+2\dfrac{2}{5}$

6   $\dfrac{3}{7}+3\dfrac{3}{7}$

7   $\dfrac{3}{8}+7\dfrac{4}{8}$

8   $\dfrac{1}{7}+6\dfrac{4}{7}$

9   $\dfrac{4}{9}+2\dfrac{4}{9}$

10   $\dfrac{2}{9}+5\dfrac{5}{9}$

● 친구들이 의자 위에 올라가면 모두 몇 m가 되는지 구하세요.

11 위에 다희가 올라가면

$$\frac{3}{12} + 1\frac{3}{12} = \boxed{} \text{ (m)}$$

$1\frac{3}{12}$ m

$\frac{3}{12}$ m

12 위에 민규가 올라가면

$$\frac{3}{6} + 1\frac{2}{6} = \boxed{} \text{ (m)}$$

13 위에 성우가 올라가면

$$\boxed{} + \boxed{} = \boxed{} \text{ (m)}$$

14 위에 성우가 올라가면

$$\boxed{} + \boxed{} = \boxed{} \text{ (m)}$$

15 위에 민규가 올라가면

$$\boxed{} + \boxed{} = \boxed{} \text{ (m)}$$

16 위에 다희가 올라가면

$$\boxed{} + \boxed{} = \boxed{} \text{ (m)}$$

04 분수 부분끼리의 합이 진분수인 (대분수)＋(대분수)

✛ $1\dfrac{1}{5}+3\dfrac{2}{5}$의 계산

자연수는 자연수끼리!

분수는 분수끼리!

$$1\dfrac{1}{5}+3\dfrac{2}{5}=(1+3)+\left(\dfrac{1}{5}+\dfrac{2}{5}\right)=4+\dfrac{3}{5}=4\dfrac{3}{5}$$

가분수로 바꾸어 계산하기 → $\dfrac{6}{5}+\dfrac{17}{5}=\dfrac{23}{5}=4\dfrac{3}{5}$

가분수로 바꾸어 계산해도 돼요.

● 계산해 보세요.

1 $2\dfrac{2}{7}+5\dfrac{1}{7}=(2+5)+\left(\dfrac{\boxed{}}{7}+\dfrac{\boxed{}}{7}\right)$

$=\boxed{}\dfrac{\boxed{}}{7}$

2 $1\dfrac{3}{12}+3\dfrac{8}{12}=\dfrac{15}{12}+\dfrac{\boxed{}}{12}$

$=\dfrac{\boxed{}}{12}=\boxed{}\dfrac{\boxed{}}{12}$

3 $4\dfrac{3}{8}+1\dfrac{4}{8}$

4 $2\dfrac{3}{9}+3\dfrac{1}{9}$

5 $2\dfrac{1}{15}+7\dfrac{3}{15}$

6 $5\dfrac{2}{12}+6\dfrac{5}{12}$

7 $3\dfrac{4}{22}+1\dfrac{3}{22}$

8 $7\dfrac{8}{34}+2\dfrac{5}{34}$

9 $1\dfrac{12}{26}+5\dfrac{9}{26}$

10 $3\dfrac{16}{35}+2\dfrac{17}{35}$

● 계산해 보세요.

11 $2\dfrac{1}{7}+3\dfrac{3}{7}$

12 $4\dfrac{2}{7}+2\dfrac{2}{7}$

13 $5\dfrac{2}{7}+1\dfrac{3}{7}$

14 $3\dfrac{2}{9}+4\dfrac{5}{9}$

15 $5\dfrac{3}{9}+1\dfrac{4}{9}$

16 $8\dfrac{3}{14}+4\dfrac{6}{14}$

17 $6\dfrac{8}{14}+2\dfrac{5}{14}$

18 $5\dfrac{7}{14}+3\dfrac{4}{14}$

19 $5\dfrac{11}{20}+6\dfrac{6}{20}$

20 $3\dfrac{5}{20}+9\dfrac{6}{20}$

 우리 가족이 가 보고 싶은 나라는 어디일까요? 계산 결과가 적힌 글자에 ×표 하고 남은 글자로 알아보세요.

$12\dfrac{11}{20}$ 중

$7\dfrac{7}{9}$ 스

$6\dfrac{5}{7}$ 그

$6\dfrac{7}{9}$ 스

$6\dfrac{4}{7}$ 독

$12\dfrac{9}{14}$ 일

$11\dfrac{17}{20}$ 미

$5\dfrac{5}{7}$ 영

$8\dfrac{13}{14}$ 위

$8\dfrac{11}{14}$ 리

$14\dfrac{11}{20}$ 국

$5\dfrac{4}{7}$ 본

05 분수 부분끼리의 합이 가분수인 (대분수)＋(진분수)

✛ $1\dfrac{3}{5}+\dfrac{4}{5}$의 계산

$$1\dfrac{3}{5}+\dfrac{4}{5}=1+\left(\dfrac{3}{5}+\dfrac{4}{5}\right)=1+\dfrac{7}{5}$$
$$=1+1\dfrac{2}{5}=2\dfrac{2}{5}$$

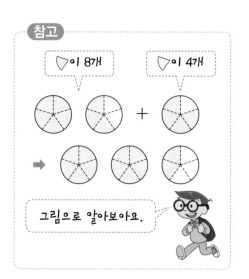

참고

▽이 8개   ▽이 4개

＋

➡

그림으로 알아보아요.

● 계산해 보세요.

1 $1\dfrac{5}{7}+\dfrac{4}{7}=1+\left(\dfrac{\boxed{}}{7}+\dfrac{\boxed{}}{7}\right)=1+\dfrac{\boxed{}}{7}$

$=1+1\dfrac{\boxed{}}{7}=2\dfrac{\boxed{}}{7}$

2 $2\dfrac{3}{9}+\dfrac{8}{9}=\dfrac{\boxed{}}{9}+\dfrac{8}{9}$

$=\dfrac{\boxed{}}{9}=3\dfrac{\boxed{}}{9}$

3 $3\dfrac{4}{8}+\dfrac{7}{8}$

4 $5\dfrac{8}{10}+\dfrac{5}{10}$

5 $2\dfrac{7}{13}+\dfrac{7}{13}$

6 $7\dfrac{7}{12}+\dfrac{6}{12}$

7 $4\dfrac{13}{15}+\dfrac{9}{15}$

8 $8\dfrac{18}{25}+\dfrac{16}{25}$

9 $6\dfrac{27}{32}+\dfrac{12}{32}$

10 $5\dfrac{11}{36}+\dfrac{30}{36}$

● 승우네 마을의 종류별 쓰레기 배출량을 나타낸 그래프입니다. 쓰레기의 합은 몇 t인지 구하세요.

→ 1 t＝1000 kg이고 1톤이라고 읽어요.

종류별 쓰레기 배출량

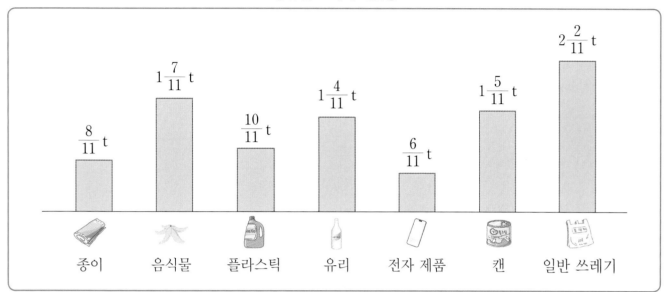

11 + = ☐ (t)

　　　　　→ $1\frac{7}{11} + \frac{6}{11}$

12 + = ☐ (t)

13 + = ☐ (t)

14 + = ☐ (t)

15 + = ☐ (t)

16 + = ☐ (t)

17 + = ☐ (t)

18 + = ☐ (t)

06 분수 부분끼리의 합이 가분수인 (진분수)+(대분수)

✤ $\dfrac{2}{6}+3\dfrac{5}{6}$의 계산

방법1
자연수는 자연수끼리,
분수는 분수끼리 더하기

$$\dfrac{2}{6}+3\dfrac{5}{6}=3+\left(\dfrac{2}{6}+\dfrac{5}{6}\right)=3+\dfrac{7}{6}=3+1\dfrac{1}{6}=4\dfrac{1}{6}$$

방법2
대분수를 가분수로
바꾸어 더하기

$$\dfrac{2}{6}+3\dfrac{5}{6}=\dfrac{2}{6}+\dfrac{23}{6}=\dfrac{25}{6}=4\dfrac{1}{6}$$

대분수를 가분수로!   가분수를 대분수로!

● 계산해 보세요.

1 $\dfrac{4}{7}+2\dfrac{5}{7}=2+\left(\dfrac{\Box}{7}+\dfrac{\Box}{7}\right)=2+\dfrac{\Box}{7}$

$=2+\Box\dfrac{\Box}{7}=3\dfrac{\Box}{7}$

2 대분수를 가분수로!

$\dfrac{4}{5}+4\dfrac{3}{5}=\dfrac{\Box}{5}+\dfrac{\Box}{5}$

$=\dfrac{\Box}{5}=5\dfrac{\Box}{5}$

3 $\dfrac{7}{8}+5\dfrac{4}{8}$

4 $\dfrac{7}{9}+3\dfrac{6}{9}$

5 $\dfrac{11}{13}+9\dfrac{5}{13}$

6 $\dfrac{3}{6}+12\dfrac{4}{6}$

7 $\dfrac{12}{30}+1\dfrac{25}{30}$

8 $\dfrac{12}{14}+6\dfrac{3}{14}$

9 $\dfrac{6}{11}+24\dfrac{8}{11}$

10 $\dfrac{9}{21}+3\dfrac{16}{21}$

● 계산해 보세요.

11 $\dfrac{3}{7} + 5\dfrac{6}{7}$

12 $\dfrac{5}{13} + 4\dfrac{9}{13}$

13 $\dfrac{12}{17} + 5\dfrac{8}{17}$

14 $\dfrac{20}{31} + 4\dfrac{15}{31}$

15 $\dfrac{5}{7} + 12\dfrac{4}{7}$

16 $\dfrac{5}{17} + 3\dfrac{15}{17}$

17 $\dfrac{29}{31} + 5\dfrac{12}{31}$

18 $\dfrac{26}{29} + 9\dfrac{4}{29}$

19 $\dfrac{7}{13} + 9\dfrac{9}{13}$

20 $\dfrac{16}{17} + 16\dfrac{5}{17}$

21 $\dfrac{25}{29} + 8\dfrac{16}{29}$

계산 결과가 적힌 칸을 모두 색칠해 보세요.

어떤 수가 보이나요?

$6\dfrac{10}{31}$	$9\dfrac{9}{29}$	$6\dfrac{2}{7}$	$17\dfrac{4}{17}$	$5\dfrac{1}{13}$
$6\dfrac{3}{17}$	$10\dfrac{3}{7}$	$4\dfrac{3}{17}$	$5\dfrac{3}{17}$	$10\dfrac{1}{29}$
$5\dfrac{4}{31}$	$3\dfrac{4}{17}$	$5\dfrac{10}{31}$	$13\dfrac{4}{29}$	$13\dfrac{2}{7}$
$9\dfrac{12}{29}$	$10\dfrac{6}{31}$	$10\dfrac{4}{7}$	$6\dfrac{7}{13}$	$10\dfrac{3}{13}$

07 분수 부분끼리의 합이 가분수인 (대분수)+(대분수)

✚ $1\frac{3}{5}+2\frac{4}{5}$의 계산

$$1\frac{3}{5}+2\frac{4}{5}=(1+2)+\left(\frac{3}{5}+\frac{4}{5}\right)=3+\frac{7}{5}=3+1\frac{2}{5}=4\frac{2}{5}$$

가분수를 대분수로!

대분수를 가분수로 바꾸어 계산할 수도 있어.

$1\frac{3}{5}+2\frac{4}{5}=\frac{8}{5}+\frac{14}{5}=\frac{22}{5}=4\frac{2}{5}$
이렇게 말이지?

● 계산해 보세요.

1 $2\frac{4}{6}+3\frac{3}{6}=(2+3)+\left(\frac{4}{6}+\frac{3}{6}\right)$

$=5+\dfrac{\boxed{}}{6}=\boxed{}+1\dfrac{\boxed{}}{6}$

$=6\dfrac{\boxed{}}{6}$

2 $3\frac{5}{8}+1\frac{6}{8}=\dfrac{\boxed{}}{8}+\dfrac{\boxed{}}{8}$

$=\dfrac{\boxed{}}{8}$

$=5\dfrac{\boxed{}}{8}$

3 $5\frac{9}{12}+2\frac{4}{12}$

4 $7\frac{5}{7}+5\frac{4}{7}$

5 $7\frac{6}{11}+3\frac{8}{11}$

6 $3\frac{8}{16}+4\frac{9}{16}$

7 $5\frac{4}{9}+8\frac{6}{9}$

8 $4\frac{9}{19}+4\frac{13}{19}$

9 $3\frac{16}{39}+5\frac{25}{39}$

10 $5\frac{24}{36}+4\frac{19}{36}$

● **보기** 와 같이 노란색 잉크와 파란색 잉크를 섞어 초록색 잉크를 만들었습니다. 다음과 같이 섞었을 때 만들어지는 초록색 잉크는 모두 몇 mL인지 구하세요.

보기

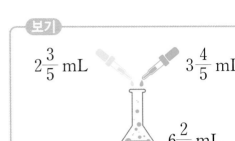

$2\frac{3}{5}$ mL $3\frac{4}{5}$ mL

$6\frac{2}{5}$ mL

$2\frac{3}{5}+3\frac{4}{5}=5+1\frac{2}{5}=6\frac{2}{5}$ (mL)

노란색 잉크 $2\frac{3}{5}$ mL와 파란색 잉크 $3\frac{4}{5}$ mL를 섞어서 초록색 잉크 $6\frac{2}{5}$ mL를 만들었어요.

11 $4\frac{3}{7}$ mL $1\frac{5}{7}$ mL

_____ mL

12 $5\frac{4}{8}$ mL $3\frac{7}{8}$ mL

_____ mL

13 $2\frac{5}{6}$ mL $4\frac{2}{6}$ mL

_____ mL

14 $4\frac{6}{9}$ mL $5\frac{7}{9}$ mL

_____ mL

15 $8\frac{3}{11}$ mL $5\frac{9}{11}$ mL

_____ mL

16 $6\frac{6}{10}$ mL $8\frac{7}{10}$ mL

_____ mL

17 $5\frac{5}{7}$ mL $9\frac{6}{7}$ mL

_____ mL

18 $6\frac{17}{23}$ mL $10\frac{8}{23}$ mL

_____ mL

08 세 진분수의 덧셈

✜ $\dfrac{2}{7}+\dfrac{3}{7}+\dfrac{4}{7}$의 계산

$$\dfrac{2}{7}+\dfrac{3}{7}+\dfrac{4}{7}=\dfrac{2+3+4}{7}$$

(분자끼리 더하기)
(분모는 그대로)

분모가 모두 같아요.

$$=\dfrac{9}{7}=1\dfrac{2}{7}$$

가분수를 대분수로

앞에서부터 차례대로 계산해도 돼요.

$$\dfrac{2}{7}+\dfrac{3}{7}+\dfrac{4}{7}=\dfrac{9}{7}=1\dfrac{2}{7}$$

① $\dfrac{5}{7}$

② $\dfrac{9}{7}$

● 계산해 보세요.

1 $\dfrac{1}{6}+\dfrac{3}{6}+\dfrac{1}{6}=\dfrac{1+\boxed{}+\boxed{}}{6}$

$$=\dfrac{\boxed{}}{6}$$

2 $\dfrac{4}{7}+\dfrac{5}{7}+\dfrac{2}{7}=\dfrac{4+\boxed{}+\boxed{}}{7}$

$$=\dfrac{\boxed{}}{7}=\boxed{}\dfrac{\boxed{}}{7}$$

3 $\dfrac{3}{8}+\dfrac{2}{8}+\dfrac{2}{8}$

4 $\dfrac{5}{9}+\dfrac{2}{9}+\dfrac{7}{9}$

5 $\dfrac{3}{10}+\dfrac{4}{10}+\dfrac{6}{10}$

6 $\dfrac{6}{8}+\dfrac{3}{8}+\dfrac{2}{8}$

7 $\dfrac{1}{12}+\dfrac{5}{12}+\dfrac{5}{12}$

8 $\dfrac{5}{13}+\dfrac{2}{13}+\dfrac{9}{13}$

9 $\dfrac{15}{23}+\dfrac{2}{23}+\dfrac{8}{23}$

10 $\dfrac{9}{27}+\dfrac{14}{27}+\dfrac{8}{27}$

● 이동한 경로를 보고 이동한 전체 거리는 몇 km인지 구하세요.

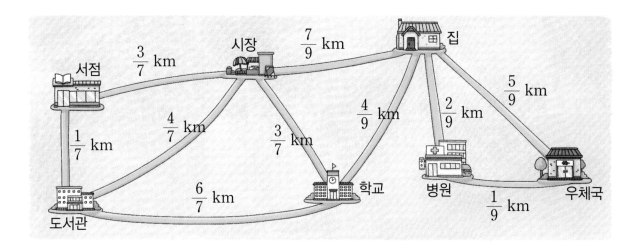

11 우체국 ➡ 병원 ➡ 집 ➡ 학교

식 $\dfrac{1}{9}+\dfrac{2}{9}+\dfrac{4}{9}=$ □

답 ＿＿＿＿＿＿＿ km

12 서점 ➡ 도서관 ➡ 시장 ➡ 학교

식 $\dfrac{1}{7}+\dfrac{4}{7}+\dfrac{3}{7}=$ □

답 ＿＿＿＿＿＿＿ km

13 학교 ➡ 도서관 ➡ 시장 ➡ 서점

식 ＿＿＿＿＿＿＿＿＿＿＿＿＿

답 ＿＿＿＿＿＿＿ km

14 도서관 ➡ 학교 ➡ 시장 ➡ 서점

식 ＿＿＿＿＿＿＿＿＿＿＿＿＿

답 ＿＿＿＿＿＿＿ km

15 시장 ➡ 집 ➡ 병원 ➡ 우체국

식 ＿＿＿＿＿＿＿＿＿＿＿＿＿

답 ＿＿＿＿＿＿＿ km

16 병원 ➡ 우체국 ➡ 집 ➡ 시장

식 ＿＿＿＿＿＿＿＿＿＿＿＿＿

답 ＿＿＿＿＿＿＿ km

09 대분수가 섞여 있는 세 분수의 덧셈

✦ $\dfrac{2}{5} + 1\dfrac{3}{5} + 2\dfrac{1}{5}$ 의 계산

자연수끼리! 분수끼리!

$$\dfrac{2}{5} + 1\dfrac{3}{5} + 2\dfrac{1}{5} = (1+2) + \left(\dfrac{2}{5} + \dfrac{3}{5} + \dfrac{1}{5}\right)$$
$$= 3 + 1\dfrac{1}{5}$$
$$= 4\dfrac{1}{5}$$

참고

예 $\dfrac{4}{5} + 1\dfrac{3}{5} + 2\dfrac{4}{5}$

$= 3 + \dfrac{11}{5}$

$= 3 + 2\dfrac{1}{5} = 5\dfrac{1}{5}$

진분수 부분끼리의 합이 2보다 클 수도 있어요.

● 계산해 보세요.

1 $\dfrac{3}{8} + 2\dfrac{1}{8} + \dfrac{1}{8} = 2 + \left(\dfrac{3}{8} + \dfrac{1}{8} + \dfrac{1}{8}\right)$

$= 2 + \dfrac{\boxed{}}{8} = \boxed{}$

2 $1\dfrac{3}{7} + \dfrac{2}{7} + 2\dfrac{6}{7} = (1+2) + \left(\dfrac{3}{7} + \dfrac{2}{7} + \dfrac{6}{7}\right)$

$= \boxed{} + 1\dfrac{\boxed{}}{7} = \boxed{}$

3 $1\dfrac{3}{4} + 3\dfrac{2}{4} + \dfrac{2}{4}$

4 $2\dfrac{4}{9} + \dfrac{4}{9} + 1\dfrac{5}{9}$

5 $1\dfrac{6}{10} + \dfrac{7}{10} + \dfrac{8}{10}$

6 $\dfrac{4}{5} + 3\dfrac{3}{5} + 2\dfrac{4}{5}$

7 $\dfrac{5}{11} + 4\dfrac{6}{11} + 1\dfrac{9}{11}$

8 $3\dfrac{5}{12} + 4\dfrac{8}{12} + \dfrac{4}{12}$

9 $3\dfrac{4}{15} + \dfrac{9}{15} + 3\dfrac{10}{15}$

10 $4\dfrac{9}{19} + 2\dfrac{15}{19} + \dfrac{16}{19}$

● 계산 결과가 같은 것끼리 선으로 이어 보세요.

11

$\dfrac{2}{11}+1\dfrac{1}{11}+\dfrac{5}{11}=\boxed{}$ ·

· 구야 $1\dfrac{8}{11}+\dfrac{10}{11}+2\dfrac{2}{11}=\boxed{}$

$2\dfrac{5}{11}+\dfrac{2}{11}+2\dfrac{2}{11}=\boxed{}$ ·

· 몽이 $1\dfrac{3}{11}+\dfrac{2}{11}+\dfrac{3}{11}=\boxed{}$

$3\dfrac{1}{11}+\dfrac{8}{11}+\dfrac{5}{11}=\boxed{}$ ·

· 콩이 $2\dfrac{7}{11}+\dfrac{3}{11}+1\dfrac{4}{11}=\boxed{}$

12

$\dfrac{2}{13}+6\dfrac{1}{13}+\dfrac{5}{13}=\boxed{}$ ·

· 모모 $2\dfrac{7}{13}+\dfrac{8}{13}+3\dfrac{6}{13}=\boxed{}$

$2\dfrac{4}{13}+4\dfrac{7}{13}+\dfrac{1}{13}=\boxed{}$ ·

· 코코 $2\dfrac{5}{13}+\dfrac{4}{13}+2\dfrac{8}{13}=\boxed{}$

$3\dfrac{9}{13}+\dfrac{10}{13}+\dfrac{11}{13}=\boxed{}$ ·

· 월리 $2\dfrac{8}{13}+\dfrac{9}{13}+3\dfrac{8}{13}=\boxed{}$

연결된 이름을 찾아 알맞게 써 보세요.

10 집중 연산 ❶

● 빈칸에 알맞은 수를 써넣으세요.

1
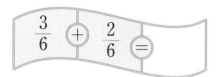
$$\frac{3}{6} + \frac{2}{6} =$$

2
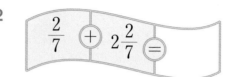
$$\frac{2}{7} + 2\frac{2}{7} =$$

3
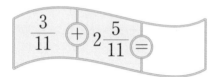
$$\frac{3}{11} + 2\frac{5}{11} =$$

4
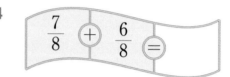
$$\frac{7}{8} + \frac{6}{8} =$$

5
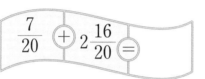
$$\frac{7}{20} + 2\frac{16}{20} =$$

6
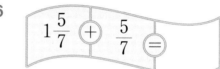
$$1\frac{5}{7} + \frac{5}{7} =$$

● 같은 색의 화살표를 따라가며 계산해 보세요.

7
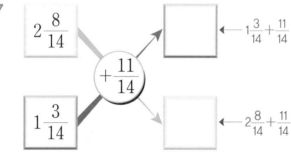

$2\frac{8}{14}$, $1\frac{3}{14}$, $+\frac{11}{14}$

$\leftarrow 1\frac{3}{14}+\frac{11}{14}$

$\leftarrow 2\frac{8}{14}+\frac{11}{14}$

8
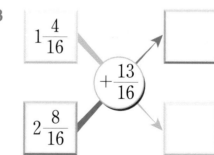

$1\frac{4}{16}$, $2\frac{8}{16}$, $+\frac{13}{16}$

9
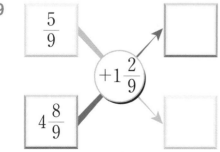

$\frac{5}{9}$, $4\frac{8}{9}$, $+1\frac{2}{9}$

10
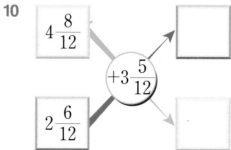

$4\frac{8}{12}$, $2\frac{6}{12}$, $+3\frac{5}{12}$

● 빈칸에 알맞은 수를 써넣으세요.

11

+	$2\frac{2}{5}$	$3\frac{4}{5}$	$1\frac{1}{5}$
$\frac{2}{5}$	$2\frac{4}{5}$		

$\rightarrow \frac{2}{5}+2\frac{2}{5}$

12

+	$1\frac{4}{12}$	$4\frac{5}{12}$	$2\frac{6}{12}$
$\frac{7}{12}$	$1\frac{11}{12}$		

13

+	$\frac{2}{4}$	$3\frac{2}{4}$	$5\frac{3}{4}$
$1\frac{1}{4}$		$4\frac{3}{4}$	

$\rightarrow 1\frac{1}{4}+3\frac{2}{4}$

14

+	$\frac{5}{8}$	$1\frac{6}{8}$	$2\frac{2}{8}$
$2\frac{3}{8}$		$4\frac{1}{8}$	

15

+	$1\frac{7}{15}$	$2\frac{8}{15}$	$5\frac{13}{15}$
$\frac{9}{15}$			$6\frac{7}{15}$

$\rightarrow \frac{9}{15}+5\frac{13}{15}$

16

+	$\frac{5}{19}$	$1\frac{8}{19}$	$6\frac{12}{19}$
$3\frac{11}{19}$			$10\frac{4}{19}$

17

+	$\frac{2}{13}$	$1\frac{11}{13}$	$3\frac{8}{13}$
$2\frac{5}{13}$			

18

+	$\frac{16}{27}$	$\frac{24}{27}$	$2\frac{18}{27}$
$1\frac{11}{27}$			

● 계산해 보세요.

1 $\dfrac{1}{3} + \dfrac{1}{3}$

2 $\dfrac{4}{7} + \dfrac{2}{7}$

3 $\dfrac{3}{4} + \dfrac{2}{4}$

4 $4\dfrac{5}{9} + \dfrac{6}{9}$

5 $\dfrac{5}{12} + 2\dfrac{7}{12}$

6 $1\dfrac{5}{8} + \dfrac{2}{8}$

7 $3\dfrac{4}{11} + 1\dfrac{5}{11}$

8 $7\dfrac{2}{12} + 2\dfrac{5}{12}$

9 $\dfrac{5}{9} + 4\dfrac{8}{9}$

10 $4\dfrac{3}{20} + 7\dfrac{17}{20}$

11 $9\dfrac{8}{15} + \dfrac{7}{15}$

12 $5\dfrac{5}{13} + 4\dfrac{11}{13}$

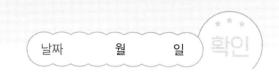
13　$5\dfrac{4}{20}+8\dfrac{17}{20}$

14　$7\dfrac{8}{15}+3\dfrac{11}{15}$

15　$4\dfrac{3}{16}+2\dfrac{4}{16}$

16　$3\dfrac{4}{9}+2\dfrac{5}{9}$

17　$1\dfrac{11}{12}+6\dfrac{6}{12}$

18　$\dfrac{1}{4}+\dfrac{3}{4}+\dfrac{3}{4}$

19　$\dfrac{3}{9}+\dfrac{1}{9}+\dfrac{5}{9}$

20　$\dfrac{5}{11}+\dfrac{8}{11}+\dfrac{4}{11}$

21　$1\dfrac{1}{7}+\dfrac{3}{7}+5\dfrac{2}{7}$

22　$\dfrac{2}{8}+4\dfrac{5}{8}+7\dfrac{4}{8}$

23　$\dfrac{7}{13}+\dfrac{8}{13}+5\dfrac{11}{13}$

24　$1\dfrac{13}{18}+2\dfrac{7}{18}+\dfrac{5}{18}$

2 분수의 뺄셈

대분수의 뺄셈은 대분수를 가분수로 바꾸어 계산하면 돼. 그럼 $3\frac{1}{8}-1\frac{6}{8}=1\frac{3}{8}$ 이야.

$$3\frac{1}{8} - 1\frac{6}{8} = \frac{25}{8} - \frac{14}{8}$$
$$= \frac{11}{8} = 1\frac{3}{8}$$

우아~ 넌 수학도 잘하는구나!

뭘~ 이쯤이야~.

페리야, 혹시 이 섬에서 지내는 동안 내 수학 선생님이 되어줄 수 있어?

글쎄~

부탁해~.

알았어! 대신 내게 동물 친구들을 많이 소개해 줘.

우갸갸

봉봉, 무슨 일이야?

우끼 바 또 따 또띠

뭐라고?

토리, 무슨 일이야?

사냥꾼들이 밀림으로 다시 돌아왔대.

정말? 그럼 어떡하지?

왜 다시 돌아온 건지 알아보자.

그래! 이번에도 내가 도와줄게.

고마워

꾸꾸~!

학습내용

▶ 진분수의 뺄셈

▶ (대분수)−(진분수), (대분수)−(대분수)

▶ 1−(진분수)

▶ (자연수)−(진분수), (자연수)−(대분수)

▶ 세 분수의 뺄셈

▶ 세 분수의 덧셈, 뺄셈

01 진분수의 뺄셈

✣ $\dfrac{7}{9} - \dfrac{5}{9}$ 의 계산

분자끼리 빼기

$$\dfrac{7}{9} - \dfrac{5}{9} = \dfrac{7-5}{9} = \dfrac{2}{9}$$

분모는 그대로

분모는 그대로 쓰고
분자끼리 빼요.

● 계산해 보세요.

1 $\dfrac{8}{9} - \dfrac{4}{9}$

2 $\dfrac{8}{11} - \dfrac{3}{11}$

3 $\dfrac{13}{24} - \dfrac{8}{24}$

4 $\dfrac{11}{13} - \dfrac{9}{13}$

5 $\dfrac{8}{15} - \dfrac{4}{15}$

6 $\dfrac{13}{17} - \dfrac{4}{17}$

7 $\dfrac{13}{19} - \dfrac{5}{19}$

8 $\dfrac{16}{25} - \dfrac{7}{25}$

9 $\dfrac{11}{18} - \dfrac{4}{18}$

10 $\dfrac{13}{21} - \dfrac{5}{21}$

● 계산해 보세요.

11 $\dfrac{6}{7} - \dfrac{3}{7}$

12 $\dfrac{5}{7} - \dfrac{1}{7}$

13 $\dfrac{4}{7} - \dfrac{2}{7}$

14 $\dfrac{11}{13} - \dfrac{7}{13}$

15 $\dfrac{9}{13} - \dfrac{4}{13}$

16 $\dfrac{8}{13} - \dfrac{5}{13}$

17 $\dfrac{19}{23} - \dfrac{7}{23}$

18 $\dfrac{21}{23} - \dfrac{16}{23}$

$\dfrac{3}{7}$	$\dfrac{4}{7}$	$\dfrac{4}{13}$	$\dfrac{5}{23}$
$\dfrac{2}{7}$	$\dfrac{5}{7}$	$\dfrac{7}{13}$	$\dfrac{3}{13}$
$\dfrac{6}{13}$	$\dfrac{8}{23}$	$\dfrac{6}{23}$	$\dfrac{12}{23}$
$\dfrac{1}{7}$	$\dfrac{15}{23}$	$\dfrac{9}{13}$	$\dfrac{5}{13}$

계산 결과가 적힌 칸을 모두 색칠해 봐요.

어떤 수가 보일까요?

02 (대분수)-(진분수) (1)

✤ $1\dfrac{3}{4} - \dfrac{1}{4}$의 계산

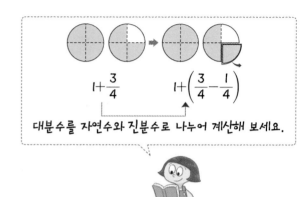

$$1\dfrac{3}{4} \; - \; \dfrac{1}{4} \; = 1 + \left(\dfrac{3}{4} - \dfrac{1}{4}\right)$$

$$= 1 + \dfrac{2}{4} = 1\dfrac{2}{4}$$

대분수를 자연수와 진분수로 나누어 계산해 보세요.

● 계산해 보세요.

1 $3\dfrac{5}{6} - \dfrac{4}{6} = 3 + \left(\dfrac{5}{6} - \dfrac{4}{6}\right)$

$= \boxed{} + \dfrac{\boxed{}}{6} = \boxed{}\dfrac{\boxed{}}{6}$

2 $8\dfrac{7}{9} - \dfrac{2}{9} = 8 + \left(\dfrac{7}{9} - \dfrac{2}{9}\right)$

$= \boxed{} + \dfrac{\boxed{}}{9} = \boxed{}\dfrac{\boxed{}}{9}$

3 $4\dfrac{4}{5} - \dfrac{4}{5}$

4 $5\dfrac{5}{7} - \dfrac{3}{7}$

5 $9\dfrac{8}{12} - \dfrac{3}{12}$

6 $1\dfrac{11}{15} - \dfrac{4}{15}$

7 $7\dfrac{5}{11} - \dfrac{5}{11}$

8 $2\dfrac{9}{10} - \dfrac{6}{10}$

9 $8\dfrac{17}{30} - \dfrac{4}{30}$

10 $5\dfrac{21}{25} - \dfrac{18}{25}$

● 물에 잠기지 않은 부분은 몇 m인지 구하세요.

11

$1\frac{10}{17}$ m   → $1\frac{10}{17} - \frac{6}{17}$ □ m $1\frac{9}{13}$ m   □ m $1\frac{9}{11}$ m   □ m $1\frac{17}{19}$ m   □ m

$\frac{6}{17}$ m $\frac{8}{13}$ m $\frac{8}{11}$ m $\frac{15}{19}$ m

12

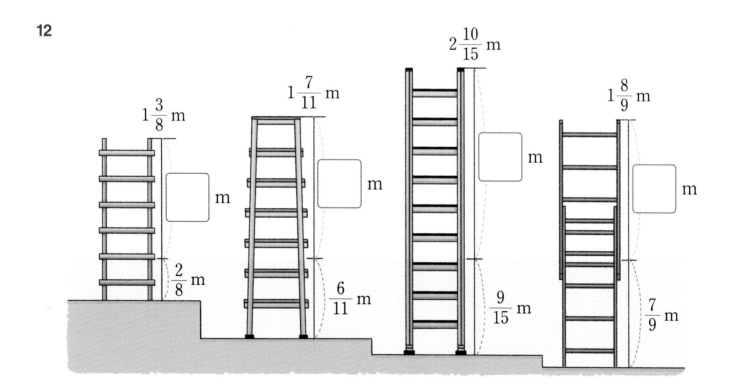

$1\frac{3}{8}$ m   □ m $1\frac{7}{11}$ m   □ m $2\frac{10}{15}$ m   □ m $1\frac{8}{9}$ m   □ m

$\frac{2}{8}$ m $\frac{6}{11}$ m $\frac{9}{15}$ m $\frac{7}{9}$ m

03 (대분수)−(대분수) (1)

✦ $3\dfrac{3}{4} - 2\dfrac{2}{4}$의 계산

$$3\dfrac{3}{4} - 2\dfrac{2}{4} = (3-2) + \left(\dfrac{3}{4} - \dfrac{2}{4}\right)$$
$$= 1 + \dfrac{1}{4} = 1\dfrac{1}{4}$$

참고

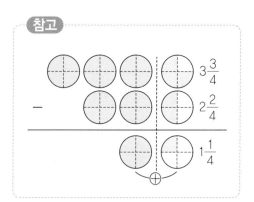

● 계산해 보세요.

1 $5\dfrac{2}{3} - 2\dfrac{1}{3} = (5-2) + \left(\dfrac{2}{3} - \dfrac{1}{3}\right)$

$= \boxed{} + \dfrac{\boxed{}}{3} = \boxed{}$

2 $6\dfrac{4}{5} - 2\dfrac{2}{5} = (6-2) + \left(\dfrac{4}{5} - \dfrac{2}{5}\right)$

$= \boxed{} + \dfrac{\boxed{}}{5} = \boxed{}$

3 $2\dfrac{3}{7} - 2\dfrac{1}{7}$

4 $8\dfrac{4}{8} - 7\dfrac{1}{8}$

5 $4\dfrac{6}{11} - 4\dfrac{2}{11}$

6 $9\dfrac{10}{15} - 4\dfrac{3}{15}$

7 $8\dfrac{13}{15} - 2\dfrac{6}{15}$

8 $4\dfrac{15}{26} - 2\dfrac{15}{26}$

9 $5\dfrac{7}{20} - 3\dfrac{4}{20}$

10 $1\dfrac{16}{19} - 1\dfrac{15}{19}$

● **보기**와 같이 방의 한쪽 벽면에 가구를 넣었을 때 남는 폭은 몇 m인지 구하세요.

보기

지윤

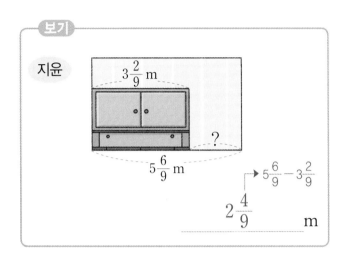

$$5\frac{6}{9} - 3\frac{2}{9}$$

$$2\frac{4}{9} \quad \text{m}$$

---

11 소영

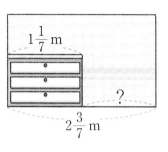

_____ m

---

12 지수

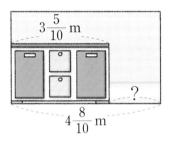

_____ m

13 주훈

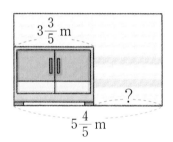

_____ m

---

14 규영

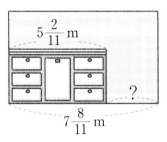

_____ m

15 민재

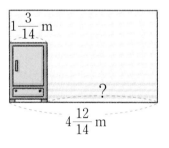

_____ m

---

16 나현

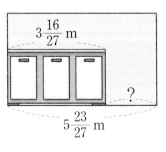

_____ m

남는 공간에 폭이 3m짜리인 책장을 넣을 수 있는 곳은 누구의 방일까요?

04 1−(진분수)

✦ $1 - \dfrac{2}{7}$의 계산

$$1 - \dfrac{2}{7} = \dfrac{7}{7} - \dfrac{2}{7}$$

분모가 7인 가분수로!

$$= \dfrac{7 - 2}{7} = \dfrac{5}{7}$$

자연수를 가분수로 바꾸어요.

1을 $\dfrac{3}{3}$으로 바꾸어 계산해요.

예 $1 - \dfrac{2}{3} = \dfrac{3}{3} - \dfrac{2}{3} = \dfrac{1}{3}$

● 계산해 보세요.

1 $1 - \dfrac{1}{5} = \dfrac{\boxed{}}{5} - \dfrac{1}{5} = \dfrac{\boxed{}}{5}$

2 $1 - \dfrac{5}{6} = \dfrac{\boxed{}}{6} - \dfrac{5}{6} = \dfrac{\boxed{}}{6}$

3 $1 - \dfrac{4}{7}$

4 $1 - \dfrac{7}{9}$

5 $1 - \dfrac{7}{10}$

6 $1 - \dfrac{3}{11}$

7 $1 - \dfrac{5}{13}$

8 $1 - \dfrac{8}{15}$

9 $1 - \dfrac{12}{23}$

10 $1 - \dfrac{17}{24}$

● 남은 피자를 보고 전체의 몇 분의 몇을 먹었는지 구하세요.

11 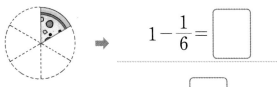 ➡ $1 - \dfrac{1}{6} =$

먹은 피자: ☐ 판

12 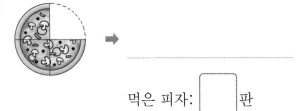 ➡

먹은 피자: ☐ 판

13  ➡

먹은 피자: ☐ 판

14 ➡

먹은 피자: ☐ 판

15  ➡

먹은 피자: ☐ 판

16  ➡

먹은 피자: ☐ 판

17  ➡

먹은 피자: ☐ 판

18  ➡

먹은 피자: ☐ 판

19 ➡

먹은 피자: ☐ 판

20 ➡

먹은 피자: ☐ 판

05 (자연수)−(진분수)

✤ $2 - \dfrac{5}{8}$의 계산

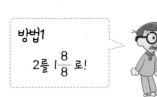

방법1
2를 $1\dfrac{8}{8}$로!

2에서 1만큼을 가분수로 바꾸어요.

$$2 - \frac{5}{8} = 1\frac{8}{8} - \frac{5}{8} = 1\frac{3}{8}$$

방법2
2를 $\dfrac{16}{8}$으로!

2를 모두 가분수로 바꾸어요.

$$2 - \frac{5}{8} = \frac{16}{8} - \frac{5}{8} = \frac{11}{8} = 1\frac{3}{8}$$

● 계산해 보세요.

1 $\quad 3 - \dfrac{2}{5} = 2\dfrac{\boxed{}}{5} - \dfrac{\boxed{}}{5} = \boxed{}$

2 $\quad 2 - \dfrac{4}{7} = \dfrac{14}{7} - \dfrac{\boxed{}}{7} = \dfrac{\boxed{}}{7} = \boxed{}$

3 $\quad 4 - \dfrac{5}{6}$

4 $\quad 5 - \dfrac{7}{10}$

5 $\quad 2 - \dfrac{5}{14}$

6 $\quad 6 - \dfrac{5}{9}$

7 $\quad 3 - \dfrac{9}{16}$

8 $\quad 7 - \dfrac{2}{7}$

9 $\quad 2 - \dfrac{13}{27}$

10 $\quad 4 - \dfrac{8}{15}$

● 다음은 숫자를 점자로 나타낸 것입니다. 해당하는 점자를 숫자로 바꾸어 (자연수)－(분수)를 계산해 보세요.

점자란 손가락으로 읽도록 만든 시각 장애인용 문자를 말해요.

오돌토돌한 점자를 손가락으로 읽어요.◄

1	2	3	4	5	6	7	8	9

11 $- \dfrac{3}{7}$

→ $2 - \dfrac{3}{7}$

12 $- \dfrac{7}{8}$

→ $3 - \dfrac{7}{8}$

13 $- \dfrac{5}{9}$

14 $- \dfrac{1}{6}$

15 $- \dfrac{9}{10}$

16 $- \dfrac{6}{11}$

17 $- \dfrac{9}{13}$

18 $- \dfrac{7}{12}$

19 $- \dfrac{11}{13}$

20 $- \dfrac{9}{16}$

06 (자연수)−(대분수)

✦ $3 - 1\dfrac{5}{6}$ 의 계산

$$3 - 1\dfrac{5}{6} = 2\dfrac{6}{6} - 1\dfrac{5}{6}$$
$$= (2-1) + \left(\dfrac{6}{6} - \dfrac{5}{6}\right)$$
$$= 1 + \dfrac{1}{6} = 1\dfrac{1}{6}$$

참고
자연수와 대분수를 각각 가분수로 바꾸어 계산해도 됩니다.

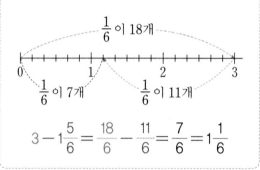

$\dfrac{1}{6}$ 이 18개

$\dfrac{1}{6}$ 이 7개 $\dfrac{1}{6}$ 이 11개

$$3 - 1\dfrac{5}{6} = \dfrac{18}{6} - \dfrac{11}{6} = \dfrac{7}{6} = 1\dfrac{1}{6}$$

● 계산해 보세요.

1 $2 - 1\dfrac{4}{5} = 1\dfrac{\boxed{}}{5} - 1\dfrac{4}{5}$
$\qquad = (1-1) + \left(\dfrac{\boxed{}}{5} - \dfrac{4}{5}\right)$
$\qquad = \dfrac{\boxed{}}{5}$

2 $4 - 1\dfrac{1}{7} = 3\dfrac{\boxed{}}{7} - 1\dfrac{1}{7}$
$\qquad = (3-1) + \left(\dfrac{\boxed{}}{7} - \dfrac{1}{7}\right)$
$\qquad = \boxed{}\dfrac{\boxed{}}{7}$

3 $5 - 2\dfrac{5}{8}$

4 $7 - 3\dfrac{2}{9}$

5 $4 - 3\dfrac{5}{7}$

6 $3 - 1\dfrac{11}{12}$

7 $2 - 1\dfrac{17}{26}$

8 $4 - 2\dfrac{5}{14}$

9 $5 - 2\dfrac{9}{11}$

10 $4 - 3\dfrac{10}{13}$

11 계산 결과가 바르게 적힌 곳의 물고기를 잡아 어항에 넣으려고 합니다. 바른 계산 결과를 따라 알맞게 선을 그어 보세요.

재형이가 얼음 길을 따라가며 잡은 물고기는 모두 몇 마리일까요?

07 (대분수)−(진분수) ⑵

✤ $2\dfrac{1}{4}-\dfrac{3}{4}$의 계산

$$2\dfrac{1}{4}-\dfrac{3}{4}=1\dfrac{5}{4}-\dfrac{3}{4}$$

$$=1\dfrac{2}{4}$$

$\dfrac{1}{4}$에서 $\dfrac{3}{4}$을 뺄 수 없으므로 $2\dfrac{1}{4}$을 $1\dfrac{5}{4}$로 바꾸어 계산해요.

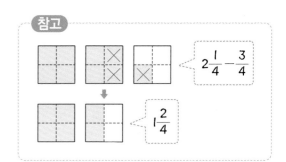

참고

$2\dfrac{1}{4}-\dfrac{3}{4}$

$1\dfrac{2}{4}$

◖ 계산해 보세요.

1 $\quad 3\dfrac{3}{5}-\dfrac{4}{5}=2\dfrac{\boxed{}}{5}-\dfrac{4}{5}=\boxed{}$

$\quad \rightarrow 2+1+\dfrac{3}{5}=2+\dfrac{5}{5}+\dfrac{3}{5}=2\dfrac{8}{5}$

2 $\quad 2\dfrac{2}{7}-\dfrac{5}{7}=1\dfrac{\boxed{}}{7}-\dfrac{5}{7}=\boxed{}$

3 $\quad 4\dfrac{2}{8}-\dfrac{5}{8}$

4 $\quad 1\dfrac{4}{9}-\dfrac{6}{9}$

5 $\quad 5\dfrac{5}{11}-\dfrac{7}{11}$

6 $\quad 6\dfrac{1}{13}-\dfrac{4}{13}$

7 $\quad 4\dfrac{2}{12}-\dfrac{9}{12}$

8 $\quad 10\dfrac{1}{11}-\dfrac{2}{11}$

9 $\quad 4\dfrac{8}{20}-\dfrac{15}{20}$

10 $\quad 7\dfrac{4}{21}-\dfrac{9}{21}$

● 보기 와 같이 저울을 보고 동물의 무게는 몇 kg인지 구하세요.

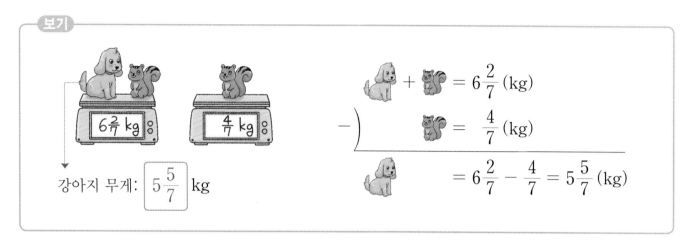

보기

강아지 무게: $5\dfrac{5}{7}$ kg

$$ + = 6\dfrac{2}{7}\,(\mathrm{kg})$$
$$-\,) = \dfrac{4}{7}\,(\mathrm{kg})$$
$$ = 6\dfrac{2}{7} - \dfrac{4}{7} = 5\dfrac{5}{7}\,(\mathrm{kg})$$

11

고양이 무게: ⬚ kg

($5\dfrac{1}{8}$ kg, $\dfrac{2}{8}$ kg)

12

닭 무게: ⬚ kg

($3\dfrac{1}{7}$ kg, $\dfrac{3}{7}$ kg)

13

너구리 무게: ⬚ kg

($8\dfrac{3}{9}$ kg, $\dfrac{5}{9}$ kg)

14

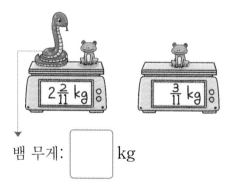

뱀 무게: ⬚ kg

($2\dfrac{2}{11}$ kg, $\dfrac{3}{11}$ kg)

15

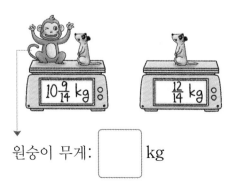

원숭이 무게: ⬚ kg

($10\dfrac{9}{14}$ kg, $\dfrac{12}{14}$ kg)

16

펭귄 무게: ⬚ kg

($9\dfrac{1}{13}$ kg, $\dfrac{3}{13}$ kg)

08 (대분수)─(대분수) (2)

✤ $4\frac{1}{5} - 2\frac{2}{5}$의 계산

$$4\frac{1}{5} - 2\frac{2}{5} = 3\frac{6}{5} - 2\frac{2}{5} = 1\frac{4}{5}$$

$3 + 1\frac{1}{5}$

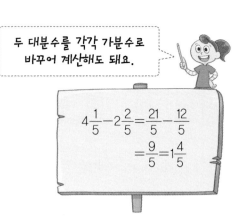

두 대분수를 각각 가분수로
바꾸어 계산해도 돼요.

$$4\frac{1}{5} - 2\frac{2}{5} = \frac{21}{5} - \frac{12}{5}$$
$$= \frac{9}{5} = 1\frac{4}{5}$$

● 계산해 보세요.

1   $3\frac{2}{7} - 1\frac{5}{7} = 2\frac{\boxed{}}{7} - 1\frac{5}{7}$

$= \boxed{}$

2   $4\frac{2}{8} - 2\frac{7}{8} = \frac{\boxed{}}{8} - \frac{23}{8}$

$= \frac{\boxed{}}{8} = \boxed{}$

3   $5\frac{1}{9} - 2\frac{3}{9}$

4   $8\frac{1}{5} - 3\frac{3}{5}$

5   $9\frac{1}{3} - 1\frac{2}{3}$

6   $6\frac{2}{10} - 3\frac{5}{10}$

7   $7\frac{5}{7} - 3\frac{6}{7}$

8   $10\frac{4}{8} - 5\frac{5}{8}$

9   $12\frac{3}{9} - 4\frac{5}{9}$

10   $18\frac{1}{13} - 11\frac{4}{13}$

● 계산해 보세요.

11　$5\frac{1}{6} - 2\frac{2}{6} = \boxed{}$　을

12　$5\frac{2}{11} - 2\frac{5}{11} = \boxed{}$　은

13　$6\frac{2}{6} - 2\frac{3}{6} = \boxed{}$　많

14　$5\frac{5}{12} - 3\frac{10}{12} = \boxed{}$　맞

15　$7\frac{2}{8} - 4\frac{5}{8} = \boxed{}$　좋

16　$9\frac{2}{12} - 3\frac{9}{12} = \boxed{}$　록

17　$7\frac{1}{8} - 1\frac{4}{8} = \boxed{}$　수

18　$7\frac{3}{11} - 5\frac{6}{11} = \boxed{}$　이

19　$9\frac{3}{8} - 3\frac{4}{8} = \boxed{}$　것

20　$20\frac{1}{8} - 15\frac{2}{8} = \boxed{}$　은

계산 결과가 적힌 칸에 해당하는 글자를 써넣어 보세요.
수수께끼의 답은 무엇일까요?

수수께끼

$3\frac{5}{6}$	$1\frac{8}{11}$	$1\frac{7}{12}$	$2\frac{5}{6}$	$5\frac{5}{8}$	$5\frac{5}{12}$	$2\frac{5}{8}$	$2\frac{8}{11}$	$5\frac{7}{8}$	$4\frac{7}{8}$

?

세 분수의 뺄셈

✛ $9\frac{6}{7} - \frac{4}{7} - 2\frac{5}{7}$ 의 계산

$$9\frac{6}{7} - \frac{4}{7} - 2\frac{5}{7} = 6\frac{4}{7}$$

① $9\frac{2}{7}$

② $6\frac{4}{7}$

① 앞에서부터 계산해요.
$9\frac{6}{7} - \frac{4}{7} = 9\frac{2}{7}$

② $9\frac{2}{7} - 2\frac{5}{7} = 8\frac{9}{7} - 2\frac{5}{7} = 6\frac{4}{7}$

● 계산해 보세요.

1 $2\frac{4}{6} - \frac{2}{6} - \frac{3}{6}$

2 $3\frac{4}{5} - \frac{1}{5} - \frac{4}{5}$

3 $4\frac{6}{7} - \frac{5}{7} - 1\frac{1}{7}$

4 $3\frac{1}{8} - 1\frac{5}{8} - \frac{5}{8}$

5 $8\frac{4}{9} - 1\frac{5}{9} - 2\frac{7}{9}$

6 $7\frac{2}{7} - 2\frac{5}{7} - \frac{3}{7}$

7 $9\frac{1}{5} - 2\frac{3}{5} - 3\frac{2}{5}$

8 $7 - 2\frac{4}{11} - 1\frac{8}{11}$

9 $8\frac{5}{9} - 2\frac{3}{9} - \frac{7}{9}$

10 $5\frac{1}{11} - 1\frac{8}{11} - 2\frac{5}{11}$

● 각 식물이 일주일 동안 필요한 물의 양을 나타낸 것입니다. 물통에 담긴 물로 일주일 동안 두 가지 식물을 키운다면 일주일 뒤 물이 몇 L 남는지 구하세요.

식물의 종류						
물의 양(L)	$2\frac{7}{11}$	$2\frac{1}{11}$	$\frac{8}{11}$	$1\frac{9}{11}$	$\frac{10}{11}$	$3\frac{5}{11}$

11

식 $2\frac{6}{11} - \frac{10}{11} - \frac{8}{11} = \boxed{}$

답 _____ L

12

식 $4\frac{10}{11} - 1\frac{9}{11} - 2\frac{1}{11} = \boxed{}$

답 _____ L

13

식 _____

답 _____ L

14

식 _____

답 _____ L

15

식 _____

답 _____ L

16

식 _____

답 _____ L

10 세 분수의 덧셈, 뺄셈

✤ $2\frac{2}{7} + \frac{6}{7} - 1\frac{3}{7}$의 계산

$$2\frac{2}{7} + \frac{6}{7} - 1\frac{3}{7} = 1\frac{5}{7}$$

$3\frac{1}{7}$

$1\frac{5}{7}$

$2\frac{2}{7} + \frac{6}{7} = 2\frac{8}{7} = 3\frac{1}{7}$

$3\frac{1}{7} - 1\frac{3}{7} = 2\frac{8}{7} - 1\frac{3}{7} = 1\frac{5}{7}$

앞에서부터
차례대로
계산해요.

● 계산해 보세요.

1 $2\frac{4}{6} + \frac{2}{6} - \frac{5}{6}$

2 $4\frac{2}{5} - 2\frac{3}{5} + 1\frac{4}{5}$

3 $2\frac{5}{8} + 1\frac{1}{8} - 1\frac{7}{8}$

4 $5\frac{2}{7} - 3\frac{5}{7} + \frac{6}{7}$

5 $6\frac{2}{11} + 2\frac{4}{11} - 3\frac{7}{11}$

6 $3\frac{5}{10} - 1\frac{7}{10} + 6\frac{9}{10}$

7 $\frac{9}{13} + 5\frac{4}{13} - 2\frac{7}{13}$

8 $8\frac{3}{11} - 1\frac{5}{11} + 4\frac{10}{11}$

9 $2\frac{7}{12} + 2 - 1\frac{8}{12}$

10 $12\frac{3}{13} - 7\frac{7}{13} + 3\frac{5}{13}$

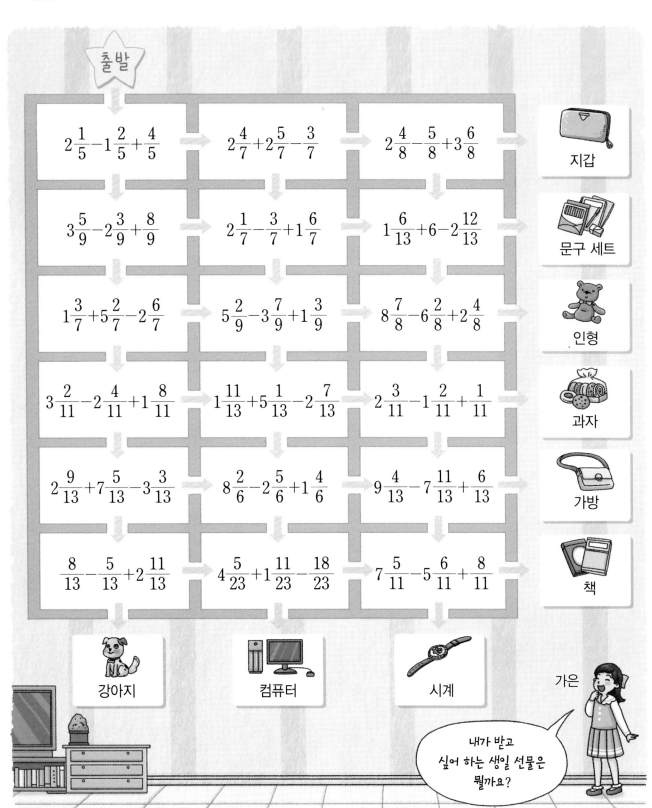

11 계산 결과가 3보다 크면 ➡ 방향으로, 3보다 작으면 ⬇ 방향으로 갑니다. 가은이가 받고 싶어 하는 생일 선물을 알아보세요.

출발

$2\frac{1}{5}-1\frac{2}{5}+\frac{4}{5}$ ➡ $2\frac{4}{7}+2\frac{5}{7}-\frac{3}{7}$ ➡ $2\frac{4}{8}-\frac{5}{8}+3\frac{6}{8}$ ➡ 지갑

$3\frac{5}{9}-2\frac{3}{9}+\frac{8}{9}$ ➡ $2\frac{1}{7}-\frac{3}{7}+1\frac{6}{7}$ ➡ $1\frac{6}{13}+6-2\frac{12}{13}$ ➡ 문구 세트

$1\frac{3}{7}+5\frac{2}{7}-2\frac{6}{7}$ ➡ $5\frac{2}{9}-3\frac{7}{9}+1\frac{3}{9}$ ➡ $8\frac{7}{8}-6\frac{2}{8}+2\frac{4}{8}$ ➡ 인형

$3\frac{2}{11}-2\frac{4}{11}+1\frac{8}{11}$ ➡ $1\frac{11}{13}+5\frac{1}{13}-2\frac{7}{13}$ ➡ $2\frac{3}{11}-1\frac{2}{11}+\frac{1}{11}$ ➡ 과자

$2\frac{9}{13}+7\frac{5}{13}-3\frac{3}{13}$ ➡ $8\frac{2}{6}-2\frac{5}{6}+1\frac{4}{6}$ ➡ $9\frac{4}{13}-7\frac{11}{13}+\frac{6}{13}$ ➡ 가방

$\frac{8}{13}-\frac{5}{13}+2\frac{11}{13}$ ➡ $4\frac{5}{23}+1\frac{11}{23}-\frac{18}{23}$ ➡ $7\frac{5}{11}-5\frac{6}{11}+\frac{8}{11}$ ➡ 책

강아지   컴퓨터   시계   가은

내가 받고 싶어 하는 생일 선물은 뭘까요?

11 집중 연산 ❶

● 빈칸에 두 수의 차를 써넣으세요.

1
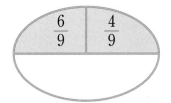

2
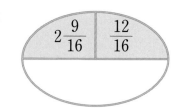

3
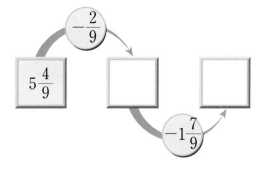

4
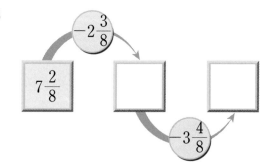

● 빈칸에 알맞은 수를 써넣으세요.

5
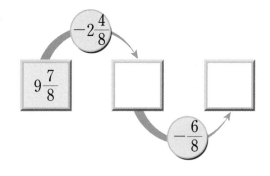

6
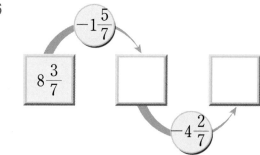

7
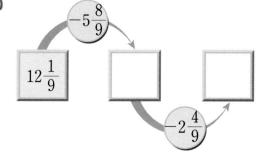

8
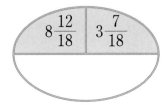

9
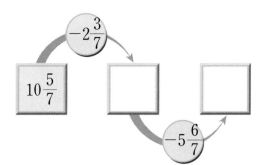

10
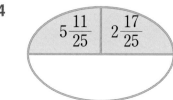

● 빈칸에 가운데 수에서 바깥 수를 뺀 계산 결과를 써넣으세요.

11

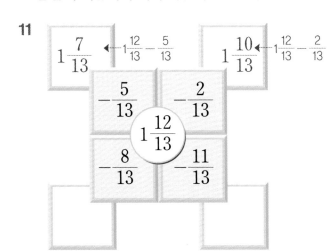

$1\frac{7}{13} \leftarrow 1\frac{12}{13} - \frac{5}{13}$　　$1\frac{10}{13} \leftarrow 1\frac{12}{13} - \frac{2}{13}$

$-\frac{5}{13}$　　$-\frac{2}{13}$

$1\frac{12}{13}$

$-\frac{8}{13}$　　$-\frac{11}{13}$

12

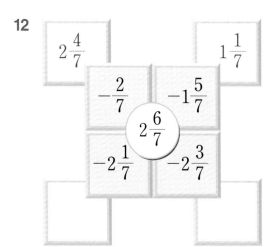

$2\frac{4}{7}$　　$1\frac{1}{7}$

$-\frac{2}{7}$　　$-1\frac{5}{7}$

$2\frac{6}{7}$

$-2\frac{1}{7}$　　$-2\frac{3}{7}$

13

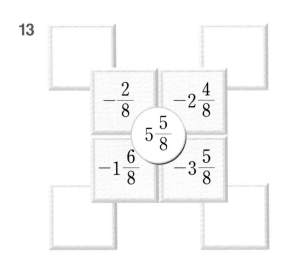

$-\frac{2}{8}$　　$-2\frac{4}{8}$

$5\frac{5}{8}$

$-1\frac{6}{8}$　　$-3\frac{5}{8}$

14

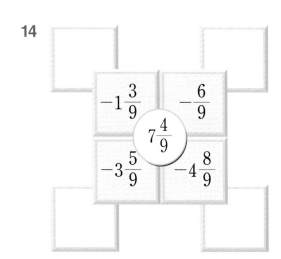

$-1\frac{3}{9}$　　$-\frac{6}{9}$

$7\frac{4}{9}$

$-3\frac{5}{9}$　　$-4\frac{8}{9}$

15

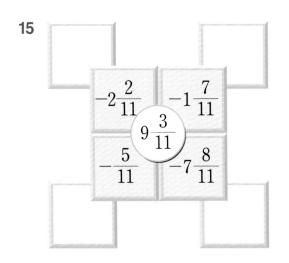

$-2\frac{2}{11}$　　$-1\frac{7}{11}$

$9\frac{3}{11}$

$-\frac{5}{11}$　　$-7\frac{8}{11}$

16

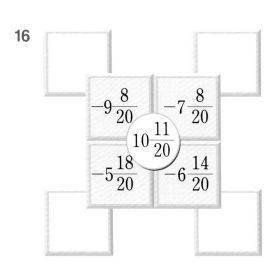

$-9\frac{8}{20}$　　$-7\frac{8}{20}$

$10\frac{11}{20}$

$-5\frac{18}{20}$　　$-6\frac{14}{20}$

12 집중 연산 ❷

● 계산해 보세요.

1 $\dfrac{7}{8} - \dfrac{2}{8}$

2 $\dfrac{6}{7} - \dfrac{4}{7}$

3 $6\dfrac{7}{8} - \dfrac{6}{8}$

4 $5\dfrac{5}{11} - \dfrac{2}{11}$

5 $4\dfrac{5}{9} - 2\dfrac{3}{9}$

6 $8\dfrac{10}{12} - 3\dfrac{5}{12}$

7 $2\dfrac{4}{13} - 1\dfrac{2}{13}$

8 $1 - \dfrac{5}{8}$

9 $1 - \dfrac{6}{11}$

10 $3 - \dfrac{4}{9}$

11 $8 - \dfrac{13}{15}$

12 $3\dfrac{1}{4} - \dfrac{2}{4}$

13 $10\dfrac{5}{9} - \dfrac{7}{9}$

14 $5\dfrac{2}{7} - 2\dfrac{5}{7}$

15 $3\dfrac{4}{9} - 1\dfrac{8}{9}$

16 $14\dfrac{8}{10} - 8\dfrac{9}{10}$

17 $4\dfrac{2}{17} - 3\dfrac{5}{17}$

18 $5\dfrac{12}{15} - 3\dfrac{14}{15}$

19 $4\dfrac{9}{20} - 1\dfrac{16}{20}$

20 $13\dfrac{2}{16} - 10\dfrac{11}{16}$

21 $9\dfrac{5}{6} - \dfrac{1}{6} - 3\dfrac{5}{6}$

22 $15\dfrac{1}{7} - 4\dfrac{5}{7} - 2\dfrac{3}{7}$

23 $4\dfrac{2}{9} + \dfrac{4}{9} - 2\dfrac{7}{9}$

24 $8\dfrac{2}{5} - 2\dfrac{4}{5} + 3\dfrac{4}{5}$

학습내용

▶ 소수 두 자리 수 알아보기
▶ 소수 세 자리 수 알아보기
▶ 소수의 크기 비교
▶ 소수 사이의 관계

01 소수 두 자리 수 알아보기

✤ 3.94 알아보기

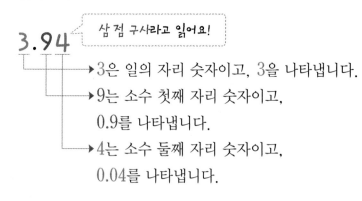

● 보기 와 같이 소수로 쓰고 읽어 보세요.

보기

0.01이 241개인 수

┌ 쓰기: 2.41

└ 읽기: 이 점 사일

1   0.01이 3개인 수

┌ 쓰기:

└ 읽기:

2   0.01이 48개인 수

┌ 쓰기:

└ 읽기:

3   0.01이 107개인 수

┌ 쓰기:

└ 읽기:

4   0.01이 578개인 수

┌ 쓰기:

└ 읽기:

5   0.01이 64개인 수

┌ 쓰기:

└ 읽기:

6   0.01이 403개인 수

┌ 쓰기:

└ 읽기:

7   0.01이 15개인 수

┌ 쓰기:

└ 읽기:

● 리본 끈의 길이를 나타낸 것입니다. 보기 와 같이 학생들의 설명을 읽고 조건에 맞는 리본 끈을 찾아 기호를 써 보세요.

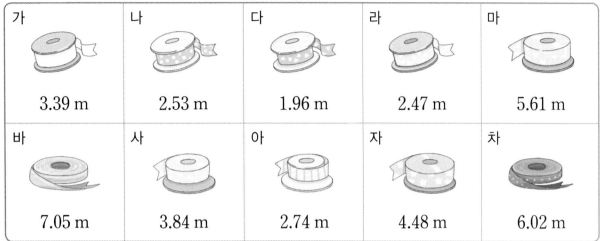

가	나	다	라	마
3.39 m	2.53 m	1.96 m	2.47 m	5.61 m
바	사	아	자	차
7.05 m	3.84 m	2.74 m	4.48 m	6.02 m

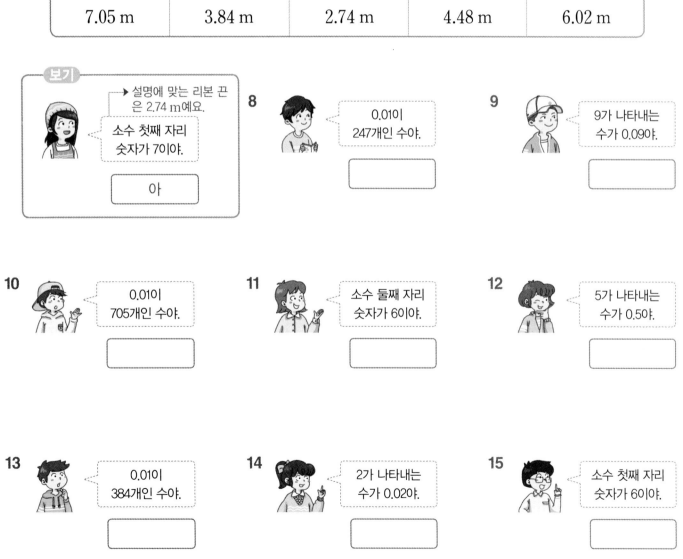

보기

→ 설명에 맞는 리본 끈은 2.74 m예요.

소수 첫째 자리 숫자가 7이야.

아

8 0.01이 247개인 수야.

9 9가 나타내는 수가 0.090야.

10 0.01이 705개인 수야.

11 소수 둘째 자리 숫자가 6이야.

12 5가 나타내는 수가 0.50야.

13 0.01이 384개인 수야.

14 2가 나타내는 수가 0.020야.

15 소수 첫째 자리 숫자가 6이야.

02 소수 세 자리 수 알아보기

✦ 3.624 알아보기

삼 점 육이사라고 읽어요.

3.624

일의 자리		소수 첫째 자리	소수 둘째 자리	소수 셋째 자리
3	.			
0	.	6		
0	.	0	2	
0	.	0	0	4

- $\dfrac{239}{1000}$ ➡ 0.239 (영 점 이삼구)
- 0.001이 4008개인 수
  ➡ 4.008 (사 점 영영팔)

● 보기 와 같이 분수를 소수로 쓰고 읽어 보세요.

보기

$\dfrac{123}{1000}$ ➡ 쓰기: 0.123
　　　　 읽기: 영 점 일이삼

1 $\dfrac{443}{1000}$ ➡ 쓰기: _____
　　　　 읽기: _____

2 $\dfrac{209}{1000}$ ➡ 쓰기: _____
　　　　 읽기: _____

3 $\dfrac{1488}{1000}$ ➡ 쓰기: _____
　　　　 읽기: _____

4 $\dfrac{815}{1000}$ ➡ 쓰기: _____
　　　　 읽기: _____

5 $\dfrac{5416}{1000}$ ➡ 쓰기: _____
　　　　 읽기: _____

6 $\dfrac{3006}{1000}$ ➡ 쓰기: _____
　　　　 읽기: _____

7 $\dfrac{182}{1000}$ ➡ 쓰기: _____
　　　　 읽기: _____

┌─ 마음 속에 지도를 그리는 것처럼 내용을 정리하는 방법이에요.

● 소수 세 자리 수에 대해 떠오르는 것을 마인드 맵으로 그렸습니다. ☐ 안에 알맞은 수나 말을 써넣으세요.

8

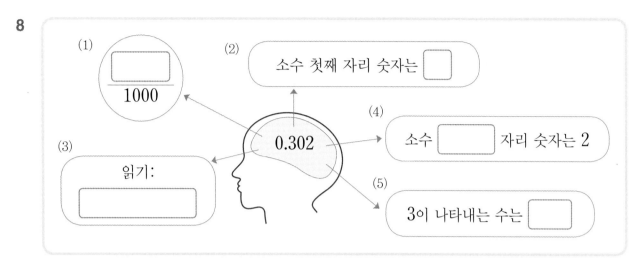

(1) ☐/1000

(2) 소수 첫째 자리 숫자는 ☐

0.302

(4) 소수 ☐ 자리 숫자는 2

(3) 읽기: ☐

(5) 3이 나타내는 수는 ☐

9

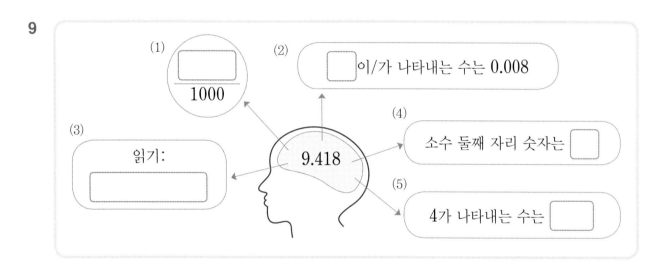

(1) ☐/1000

(2) ☐이/가 나타내는 수는 0.008

9.418

(4) 소수 둘째 자리 숫자는 ☐

(3) 읽기: ☐

(5) 4가 나타내는 수는 ☐

10

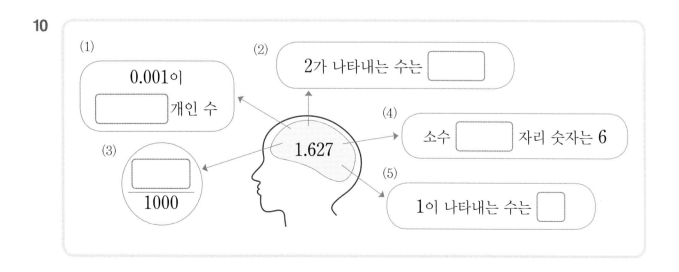

(1) 0.001이 ☐개인 수

(2) 2가 나타내는 수는 ☐

1.627

(4) 소수 ☐ 자리 숫자는 6

(3) ☐/1000

(5) 1이 나타내는 수는 ☐

03 두 소수의 크기 비교

✤ 3.459와 21.17의 크기 비교

$$3.459 \boxed{<} 21.17$$
└─ 3<21 ─┘

자연수 부분을 먼저 비교해요.
자연수가 클수록 큰 수예요.

✤ 3.459와 3.447의 크기 비교

$$3.459 \boxed{>} 3.447$$
└─ 5>4 ─┘

자연수 부분이 같으면 소수 첫째 자리,
소수 둘째 자리, 소수 셋째 자리 수를
차례대로 비교해요.

● 소수의 크기를 비교하여 ○ 안에 >, < 중 알맞은 것을 써넣으세요.

1   57.54 ◯ 48.49

  13.96 ◯ 3.44
  └─ 13>3 ─┘

2   0.13 ◯ 0.37

  0.65 ◯ 0.69

3   2.352 ◯ 4.336

  1.449 ◯ 5.002

4   6.011 ◯ 6.041

  0.203 ◯ 0.143

5   3.248 ◯ 3.244

  9.104 ◯ 9.205

소수 셋째 자리에 0이 있다고 생각해요.
  ↓
6   1.620 ◯ 1.628

  2.493 ◯ 2.49

7   8.42 ◯ 7.99

  5.004 ◯ 5.011

8   0.274 ◯ 0.271

  7.452 ◯ 7.458

● 더 큰 수에 ○표 하세요.

9

7.12	9.531
흰	물

10

13.04	16.04
색	러

11

4.58	4.59
소	나

12

7.009	7.005
야	기

13

1.487	1.399
지	는

14

0.357	0.394
아	이

15

2.016	2.021
중	기

16

8.24	8.32
자	는

17

95.23	9.799
것	물

18

5.865	5.649
은	다

○표 한 수에 해당하는 글자를 빈칸에 차례대로 써 보세요.
이 수수께끼의 답은 무엇일까요?

수수께끼

9	10	11	12	13		14	15	16		17	18	
												?

04 여러 소수의 크기 비교

✦ 1.59, 2.33, 1.593의 크기 비교

자연수 부분이 같으면

① 자연수 부분을 먼저 비교해요.

② 소수 첫째 자리, 소수 둘째 자리, 소수 셋째 자리 수를 차례대로 비교해요.

1.59 2.33 1.593
가장 큰 수

1.59◯ 1.593
가장 작은 수

큰 수부터 차례대로 쓰면
2.33 > 1.593 > 1.59

● 가장 큰 수에 ◯표 하세요.

1 | 3.205 | 1.446 | 1.547

2 | 0.126 | 0.134 | 0.123

3 | 7.014 | 4.005 | 7.086

4 | 5.349 | 5.34 | 5.348

5.34 → 5.34◯이라고 생각하고 크기를 비교해요.

● 가장 작은 수에 △표 하세요.

5 | 3.205 | 1.446 | 1.547

6 | 3.23 | 3.558 | 3.142

7 | 8.174 | 8.16 | 9.411

8 | 2.74 | 2.75 | 2.778

● 가장 큰 수에 ◯표 하세요.

9

타	아	다
1.92	1.45	1.93

10

조	이	워
0.74	0.75	0.72

11

아	추	마
9.008	8.429	8.047

12

가	몬	나
4.55	4.693	4.013

13

로	수	드
1.146	1.135	1.172

14

브	지	과
5.802	5.601	5.73

15

마	사	릿
4.59	6.52	7.31

16

을	는	지
2.246	2.243	2.248

◯표 한 수에 해당하는 글자를
문제 순서대로 써 보세요.
부산 광안대교의
또 다른 명칭이에요.

9	10	11	12	13		14	15	16

05 소수 사이의 관계 (1)

✛ 소수의 10배, 100배 알아보기

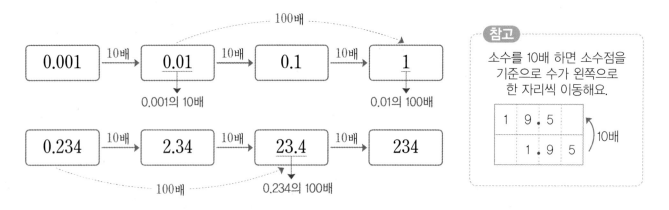

● **보기** 와 같이 ⬜ 안에 알맞은 수를 써넣으세요.

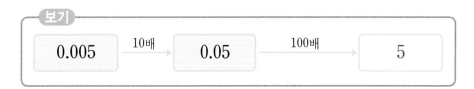

1 0.706 —10배→ ⬜ —10배→ 70.6 —10배→ ⬜

2 0.458 —10배→ 4.58 —10배→ ⬜ —10배→ ⬜

3 6.193 —10배→ ⬜ —10배→ ⬜ —10배→ 6193

4
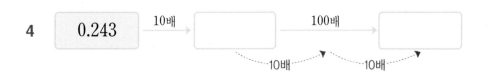

5 4.833 —100배→ ⬜ —10배→ ⬜

소수를 100배 하면
소수점을 기준으로
수가 왼쪽으로
두 자리씩 이동!
5.247 —100배→ 524.7

● 소수를 10배, 100배 하여 빈칸에 알맞은 수를 써넣으세요.

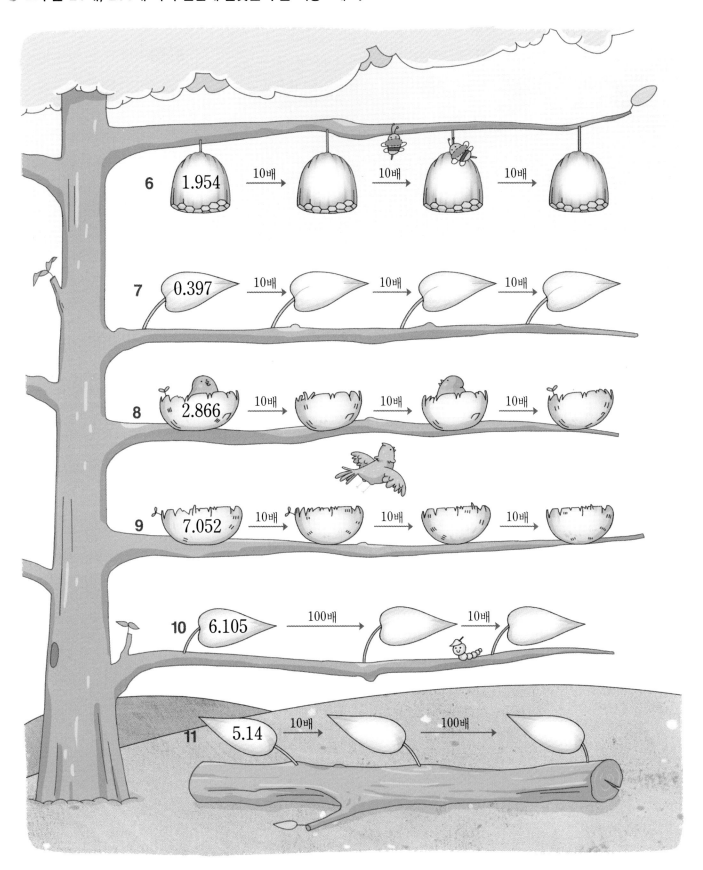

6 1.954 10배 → 　 10배 → 　 10배 → 　

7 0.397 10배 → 　 10배 → 　 10배 → 　

8 2.866 10배 → 　 10배 → 　 10배 → 　

9 7.052 10배 → 　 10배 → 　 10배 → 　

10 6.105 100배 → 　 10배 → 　

11 5.14 10배 → 　 100배 →

06 소수 사이의 관계 (2)

✚ 소수의 $\frac{1}{10}$, $\frac{1}{100}$ 알아보기

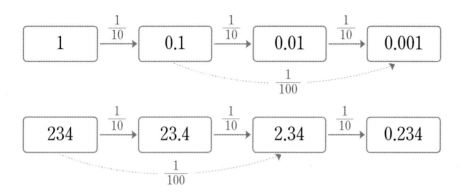

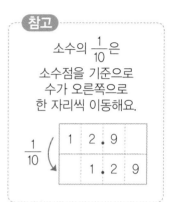

참고

소수의 $\frac{1}{10}$은
소수점을 기준으로
수가 오른쪽으로
한 자리씩 이동해요.

● 보기 와 같이 ⬚ 안에 알맞은 수를 써넣으세요.

보기

$$7 \xrightarrow{\frac{1}{10}} 0.7 \xrightarrow{\frac{1}{100}} 0.007$$

1 $\quad 906 \xrightarrow{\frac{1}{10}} 90.6 \xrightarrow{\frac{1}{10}} \boxed{} \xrightarrow{\frac{1}{10}} \boxed{}$

2 $\quad 47 \xrightarrow{\frac{1}{10}} \boxed{} \xrightarrow{\frac{1}{10}} 0.47 \xrightarrow{\frac{1}{10}} \boxed{}$

3 $\quad 342 \xrightarrow{\frac{1}{10}} \boxed{} \xrightarrow{\frac{1}{10}} \boxed{} \xrightarrow{\frac{1}{10}} \boxed{}$

4

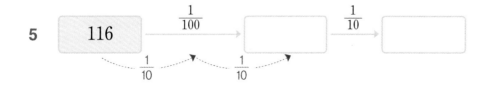

소수점을
기준으로 이동했을 때
숫자가 없으면
빈 곳에 0을 써요.

$$1.5 \xrightarrow{\frac{1}{100}} 0.015$$

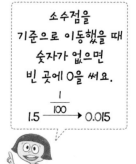

5

● 한 번 마시면 키가 $\frac{1}{10}$씩 또는 $\frac{1}{100}$씩 줄어드는 물약이 있습니다. 물약을 마신 후 줄어든 키를 빈칸에 써넣으세요.

6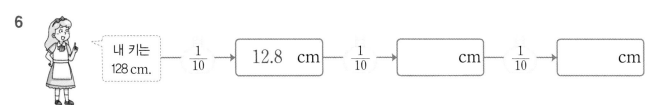

내 키는 128 cm. $\frac{1}{10}$ → 12.8 cm — $\frac{1}{10}$ → ___ cm — $\frac{1}{10}$ → ___ cm

7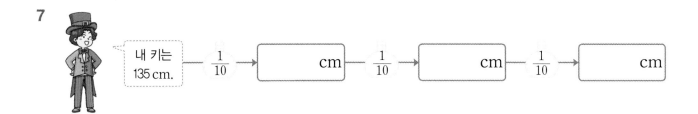

내 키는 135 cm. $\frac{1}{10}$ → ___ cm — $\frac{1}{10}$ → ___ cm — $\frac{1}{10}$ → ___ cm

8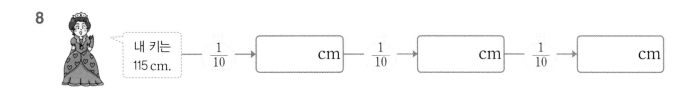

내 키는 115 cm. $\frac{1}{10}$ → ___ cm — $\frac{1}{10}$ → ___ cm — $\frac{1}{10}$ → ___ cm

9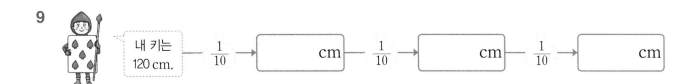

내 키는 120 cm. $\frac{1}{10}$ → ___ cm — $\frac{1}{10}$ → ___ cm — $\frac{1}{10}$ → ___ cm

10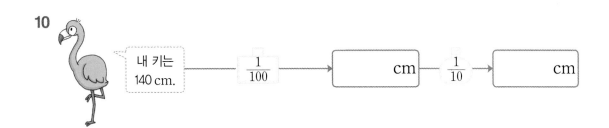

내 키는 140 cm. $\frac{1}{100}$ → ___ cm — $\frac{1}{10}$ → ___ cm

11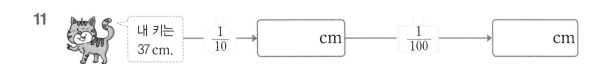

내 키는 37 cm. $\frac{1}{10}$ → ___ cm — $\frac{1}{100}$ → ___ cm

● **보기** 와 같이 조건에 맞는 수에 ○표 하세요.

보기

숫자 7이 0.7을 나타내는 수

0.47   (0.748)   0.507

1

숫자 9가 0.009를 나타내는 수

9.32   7.079   4.924

2

숫자 5가 0.05를 나타내는 수

5.37   4.573   3.059

3

숫자 2가 0.2를 나타내는 수

3.02   2.441   9.24

4

숫자 6이 0.006을 나타내는 수

0.106   0.624   0.065

5

숫자 3이 0.03을 나타내는 수

1.34   1.035   1.013

● ⬡ 안에 알맞은 수를 써넣으세요.

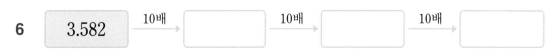

6 3.582 —10배→ ⬡ —10배→ ⬡ —10배→ ⬡

7 477 —$\frac{1}{10}$→ ⬡ —$\frac{1}{10}$→ ⬡ —$\frac{1}{10}$→ ⬡

8 1.04 —100배→ ⬡ —10배→ ⬡

9 9 —$\frac{1}{10}$→ ⬡ —$\frac{1}{100}$→ ⬡

● 보기 와 같이 사다리 타기를 하여 출발한 곳의 수가 도착한 곳의 수보다 크면 ○표, 작으면 ×표 하세요.

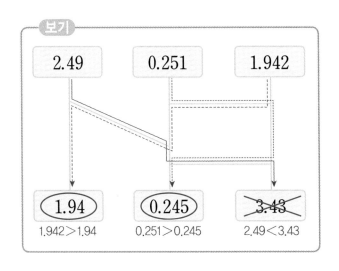

10
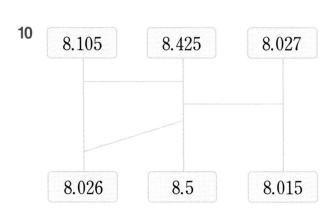

11
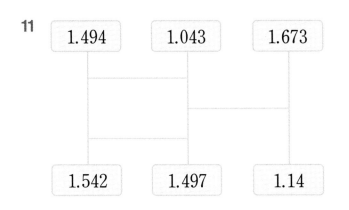

12
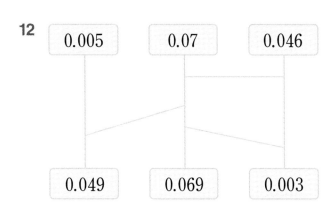

13
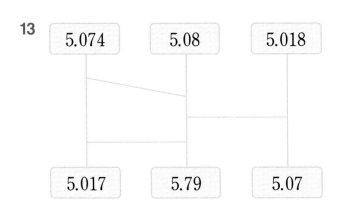

14
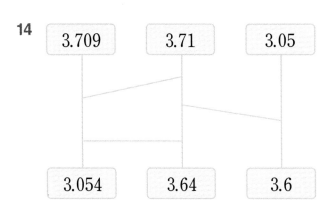

08 집중 연산 ❷

● 소수로 나타내 보세요.

1 0.01이 4개인 수 ➡ _____

2 0.001이 50개인 수 ➡ _____

3 0.001이 789개인 수 ➡ _____

4 0.001이 6504개인 수 ➡ _____

5 0.01이 30개인 수 ➡ _____

6 0.01이 685개인 수 ➡ _____

7 0.001이 15개인 수 ➡ _____

8 0.01이 92개인 수 ➡ _____

9 $\dfrac{4003}{1000}$ ➡ _____

10 $\dfrac{60}{100}$ ➡ _____

11 $\dfrac{200}{1000}$ ➡ _____

12 $\dfrac{7}{1000}$ ➡ _____

13 $\dfrac{804}{100}$ ➡ _____

14 $\dfrac{151}{100}$ ➡ _____

15 $\dfrac{33}{100}$ ➡ _____

16 $\dfrac{9}{1000}$ ➡ _____

17 $\dfrac{419}{100}$ ➡ _____

● 조건에 알맞은 수를 써 보세요.

18 1.59의 10배 ➡ _____

19 4.8의 $\frac{1}{10}$ ➡ _____

20 0.009의 10배 ➡ _____

21 31의 $\frac{1}{10}$ ➡ _____

22 7.05의 100배 ➡ _____

23 16.1의 $\frac{1}{100}$ ➡ _____

● 소수의 크기를 비교하여 ○ 안에 >, < 중 알맞은 것을 써넣으세요.

24 4.257 ◯ 4.273

2.615 ◯ 2.497

25 0.58 ◯ 0.524

3.41 ◯ 3.187

26 7.634 ◯ 7.64

3.27 ◯ 3.72

27 5.82 ◯ 8.12

2.407 ◯ 20.11

28 4.108 ◯ 5.129

0.456 ◯ 0.453

29 3.9 ◯ 3.902

1.247 ◯ 1.24

30 6.447 ◯ 6.454

8.371 ◯ 8.367

31 4.824 ◯ 4.822

1.059 ◯ 0.273

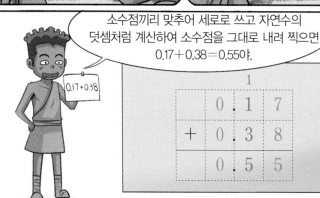

학습내용

▶ 소수 한 자리 수의 덧셈
▶ 소수 두 자리 수의 덧셈
▶ 소수 세 자리 수의 덧셈
▶ ☐ 안에 알맞은 수 구하기

1보다 작은 소수 한 자리 수의 덧셈

✤ 0.8+0.3의 계산

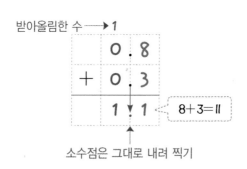

받아올림한 수 ──→ 1

소수점은 그대로 내려 찍기

8+3=11

자연수의 덧셈처럼 계산하고 소수점은 그대로 내려 찍어요!

● 계산해 보세요.

1

$$\begin{array}{r} 0.8 \\ +\ 0.1 \\ \hline \end{array}$$

결과에 반드시
소수점 찍기!

2

$$\begin{array}{r} 0.2 \\ +\ 0.6 \\ \hline \end{array}$$

3

$$\begin{array}{r} 0.3 \\ +\ 0.4 \\ \hline \end{array}$$

4

$$\begin{array}{r} 0.2 \\ +\ 0.4 \\ \hline \end{array}$$

5

$$\begin{array}{r} 0.8 \\ +\ 0.8 \\ \hline \end{array}$$

6

$$\begin{array}{r} 0.9 \\ +\ 0.3 \\ \hline \end{array}$$

7

$$\begin{array}{r} 0.6 \\ +\ 0.5 \\ \hline \end{array}$$

8

$$\begin{array}{r} 0.2 \\ +\ 0.9 \\ \hline \end{array}$$

9

$$\begin{array}{r} 0.5 \\ +\ 0.7 \\ \hline \end{array}$$

● 소수 막대를 보고 소수의 덧셈식을 만들어 계산해 보세요.

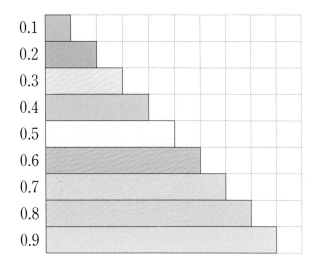

10
➡ 0.3+0.2=▢

11

➡ 0.7+0.1=▢

12
➡ _____

13
➡ _____

14
➡ _____

15
➡ _____

16
➡ _____

17
➡ _____

02 1보다 큰 소수 한 자리 수의 덧셈

✛ 2.4+18.5의 계산

```
      1
      2 . 4
+   1 8 . 5
─────────────
    2 0 . 9
```

① 소수점끼리 맞추어 세로로 쓰기
② 자연수의 덧셈처럼 계산하기
③ 소수점은 그대로 내려 찍기

```
      1
    5 3.7
+     2.3
─────────
    5 6.0
```
소수 끝자리 0은
생략할 수 있어요.

● 계산해 보세요.

1
```
    1 . 4
+   1 . 2
─────────
```

2
```
    2 . 6
+   3 . 2
─────────
```

3
```
    5 . 4
+   1 . 3
─────────
```

4
```
    2 . 8
+   6 . 7
─────────
```

5
```
    6 . 4
+   7 . 3
─────────
```

6
```
    4 . 4
+   5 . 9
─────────
```

7
```
  1 9 . 2
+     4 . 6
─────────
```

8
```
  2 1 . 9
+     8 . 2
─────────
```

9
```
  1 4 . 3
+     2 . 7
─────────
```

소수 끝자리 0은
생략할 수 있어요.

● 한라산 등반 코스입니다. 주어진 장소 사이의 거리를 구하세요.

10

영실 코스

영실 탐방 안내소 ~ 병풍바위

식 2.4+1.5=☐

답 _____ km

11

성판악 코스

속밭 대피소 ~ 진달래밭 대피소

식 1.7+1.5=☐

답 _____ km

12

영실 코스

영실 휴게소 ~ 윗세오름

식 _____

답 _____ km

13

성판악 코스

성판악 탐방 안내소 ~ 사라오름 입구

식 _____

답 _____ km

14

영실 코스

병풍바위 ~ 남벽 분기점

식 _____

답 _____ km

15

성판악 코스

사라오름 입구 ~ 정상

식 _____

답 _____ km

03 1보다 작은 소수 두 자리 수의 덧셈

✤ 0.16+0.28의 계산

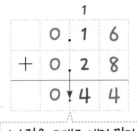

소수점끼리 맞추어 세로로 써야 해요.

소수점은 그대로 내려 찍기

```
  0.01이 16개인 수
+ 0.01이 28개인 수
─────────────────
  0.01이 44개인 수
```

● 계산해 보세요.

1
```
    0 . 0   4
+   0 . 0   5
─────────────
```

2
```
    0 . 3   3
+   0 . 2   1
─────────────
```

3
```
    0 . 4   5
+   0 . 9   2
─────────────
```

4
```
    0 . 9   1
+   0 . 6   5
─────────────
```

5
```
    0 . 1   3
+   0 . 0   8
─────────────
```

6
```
    0 . 4   4
+   0 . 8   7
─────────────
```

7
```
    0 . 0   7
+   0 . 1   8
─────────────
```

8
```
    0 . 2   7
+   0 . 7   7
─────────────
```

9
```
    0 . 5   3
+   0 . 8   9
─────────────
```

● 가습기에 물을 더 부으면 물은 모두 몇 L가 되는지 구하세요.

10
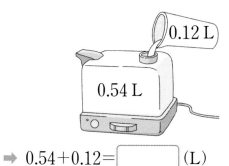

➡ 0.54+0.12= ☐ (L)

11
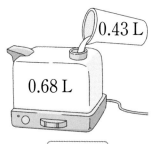

➡ 0.68+0.43= ☐ (L)

12
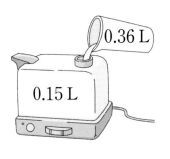

➡ _____ (L)

13
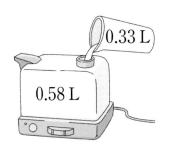

➡ _____ (L)

14
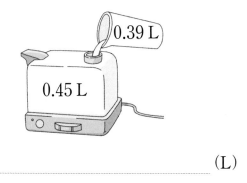

➡ _____ (L)

15
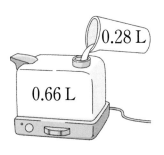

➡ _____ (L)

16
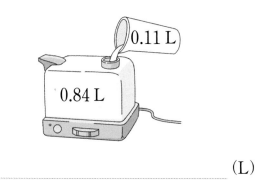

➡ _____ (L)

17
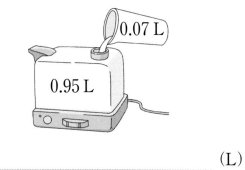

➡ _____ (L)

04 1보다 큰 소수 두 자리 수의 덧셈

✚ 14.53+0.39의 계산

받아올림한 수도 더하는
것을 잊지 말아요.

```
      →1
    1 4 . 5 3
  +   0 . 3 9
    1 4 . 9 2
```

참고

```
    1 4 . 5 3
  +   0 . 3 9
    1 4 . 8 2
```

받아올림을 잊었어요!

● 계산해 보세요.

1
```
    2 . 0 3
  + 3 . 7 5
```

2
```
    1 . 2 4
  + 5 . 0 4
```

3
```
    7 . 1 1
  + 2 . 4 6
```

4
```
    3 . 7 4
  + 3 . 1 8
```

5
```
    9 . 0 6
  + 2 . 1 7
```

6
```
    4 . 8 4
  + 5 . 7 3
```

7
```
    2 0 . 0 4
  +    6 . 5 8
```

8
```
    1 3 . 9 8
  +    8 . 5 5
```

9
```
    1 8 . 6 6
  +    2 . 4 5
```

● 피겨 스케이팅 선수들이 쇼트 프로그램과 프리 스케이팅에서 얻은 점수의 합을 구하세요.

남자부

10 피터
쇼트 프로그램: 86.36점
프리 스케이팅: 173.24점

합계: [   ] 점

```
      8 6.3 6
  + 1 7 3.2 4
```

11 데이빗
쇼트 프로그램: 91.78점
프리 스케이팅: 166.24점

합계: [   ] 점

12 최재윤
쇼트 프로그램: 73.72점
프리 스케이팅: 92.93점

합계: [   ] 점

13 유민호
쇼트 프로그램: 85.96점
프리 스케이팅: 157.38점

합계: [   ] 점

여자부

14 세라
쇼트 프로그램: 66.57점
프리 스케이팅: 119.91점

합계: [   ] 점

15 박연소
쇼트 프로그램: 65.28점
프리 스케이팅: 126.53점

합계: [   ] 점

16 김진희
쇼트 프로그램: 61.18점
프리 스케이팅: 118.15점

합계: [   ] 점

17 레니나
쇼트 프로그램: 60.43점
프리 스케이팅: 128.61점

합계: [   ] 점

쇼트 프로그램과 프리 스케이팅 점수의 합으로
우승자를 가립니다.

피겨 스케이팅 남자부 우승자는 [   ] 이고

여자부 우승자는 [   ] 예요.

05 1보다 작은 소수 세 자리 수의 덧셈

✛ 0.418+0.557의 계산

```
        1
  0 . 4  1  8
+ 0 . 5  5  7
  0 . 9  7  5
```

소수점은 그대로 내려 찍기

자연수의 덧셈처럼
계산할 때 받아올림에
주의해요!

● 계산해 보세요.

1
```
  0 . 6  3  1
+ 0 . 0  5  4
```

2
```
  0 . 1  7  6
+ 0 . 4  7  2
```

3
```
  0 . 0  5  3
+ 0 . 2  7  5
```

4
```
  0 . 3  6  4
+ 0 . 0  9  6
```

5
```
  0 . 0  1  9
+ 0 . 6  8  8
```

6
```
  0 . 2  9  4
+ 0 . 0  0  6
```

7
```
  0 . 7  9  6
+ 0 . 8  0  8
```

8
```
  0 . 7  7  4
+ 0 . 1  9  1
```

9
```
  0 . 6  7  5
+ 0 . 1  4  6
```

● 오늘의 오존 농도를 일주일 전의 오존 농도와 비교하였습니다. 지역별 오늘의 오존 농도를 구하세요.

〈일주일 전 오존 농도〉

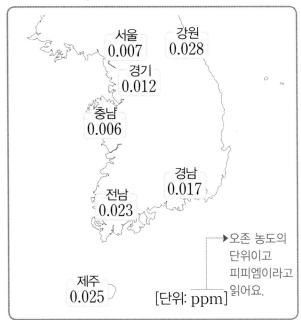

서울
0.007

강원
0.028

경기
0.012

충남
0.006

경남
0.017

전남
0.023

제주
0.025

→ 오존 농도의 단위이고 피피엠이라고 읽어요.
[단위: ppm]

오존은 산소 원자가 3개 모여서 생긴 기체예요. 땅 근처에서 오존의 농도가 높아지면 폐 기능 약화, 기침 등이 나타날 수 있고 식물의 수확량도 감소해요.

10
서울은 0.074 ppm 높아졌습니다.

➡ 0.007+0.074=[   ] (ppm)

   일주일 전 서울의 오존 농도

11
경기는 0.121 ppm 높아졌습니다.

➡ 0.012+0.121=[   ] (ppm)

12
강원은 0.725 ppm 높아졌습니다.

➡ _____ (ppm)

13
충남은 0.008 ppm 높아졌습니다.

➡ _____ (ppm)

14
전남은 0.009 ppm 높아졌습니다.

➡ _____ (ppm)

15
경남은 0.131 ppm 높아졌습니다.

➡ _____ (ppm)

16
제주는 0.017 ppm 높아졌습니다.

➡ _____ (ppm)

06 1보다 큰 소수 세 자리 수의 덧셈

✤ 4.907＋1.335의 계산

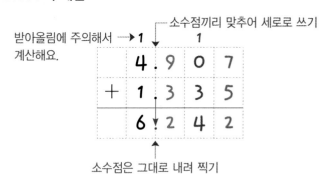

받아올림에 주의해서 계산해요.

소수점끼리 맞추어 세로로 쓰기

	1		1	
4	.	9	0	7
＋ 1	.	3	3	5
6	.	2	4	2

소수점은 그대로 내려 찍기

자연수의 덧셈처럼 계산하기

```
   1   1
   4 9 0 7
 + 1 3 3 5
   6 2 4 2
```

● 계산해 보세요.

1

```
  2 . 3 6 4
+ 1 . 1 2 5
```

2

```
  9 . 0 0 5
+ 1 . 6 6 8
```

3

```
  7 . 1 1 6
+ 8 . 3 0 5
```

4

```
  5 . 6 6 4
+ 7 . 0 1 5
```

5

```
  8 . 0 2 7
+ 5 . 3 7 9
```

6

```
  4 . 8 0 4
+ 3 . 0 0 7
```

7

```
  3 . 6 1 3
+ 2 . 4 0 9
```

8

```
  1 . 6 7 5
+ 1 . 5 1 8
```

9

```
  1 . 8 9 4
+ 6 . 0 0 7
```

● 계산해 보세요.

10 $3.525+2.664=$ ⬚ 켜

11 $5.094+0.117=$ ⬚ 지

12 $1.644+1.023=$ ⬚ 초

13 $4.565+2.554=$ ⬚ 이

14 $1.704+0.562=$ ⬚ 불

15 $4.009+2.994=$ ⬚ 는

16 $1.235+1.053=$ ⬚ 는

17 $1.995+5.306=$ ⬚ 지

18 $4.237+3.369=$ ⬚ 앉

계산 결과에 해당하는 글자를
빈칸에 써넣으세요.
이 수수께끼의 답은 무엇일까요?

수수께끼

2.266	7.119		6.189	7.301	5.211		7.606	7.003		2.667	2.288	
												?

07 ☐ 안에 알맞은 수 구하기

✛ ☐−3.7=2.1에서 ☐의 값 구하기

$$\boxed{} - 3.7 = 2.1$$

$$\Rightarrow 3.7 + 2.1 = \boxed{}, \quad \boxed{} = 5.8$$

└──➤ 뺄셈식을 덧셈식으로 바꾸어 계산해요.

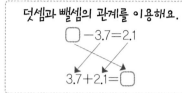
덧셈과 뺄셈의 관계를 이용해요.
☐−3.7=2.1
3.7+2.1=☐

● ☐ 안에 알맞은 수를 써넣으세요.

1 $\boxed{} - 0.5 = 1.2 \rightarrow$ 0.5+1.2=☐

$\boxed{} - 1.3 = 2.2 \rightarrow$ 1.3+2.2=☐

2 $\boxed{} - 2.4 = 5.2$

$\boxed{} - 4.3 = 2.6$

3 $\boxed{} - 1.8 = 0.5$

$\boxed{} - 3.3 = 1.9$

4 $\boxed{} - 0.05 = 1.02$

$\boxed{} - 2.13 = 2.06$

5 $\boxed{} - 1.04 = 1.13$

$\boxed{} - 2.01 = 4.15$

6 $\boxed{} - 3.08 = 8.53$

$\boxed{} - 5.57 = 2.36$

7 $\boxed{} - 0.121 = 1.543$

$\boxed{} - 1.063 = 2.204$

8 $\boxed{} - 0.609 = 8.087$

$\boxed{} - 1.866 = 1.182$

날짜   월   일   확인

● 보기 와 같이 얼룩으로 가려진 부분에 알맞은 수를 써넣으세요.

보기

```
    0.5
 −  0.3
 ───────
    0.2
```

9
```
 −  1.9
 ───────
    3.4
```

10
```
 −  0.2 6
 ─────────
    0.7 5
```

11
```
 −  0.0 7
 ─────────
    0.0 5
```

12
```
 −  0.3 9
 ─────────
    0.2 5
```

13
```
 −  0.0 1 2
 ───────────
    0.0 0 9
```

14
```
 −  0.0 0 3
 ───────────
    0.1 9 3
```

15
```
 −  0.0 1 8
 ───────────
    0.0 0 4
```

● 빈칸에 알맞은 수를 써넣으세요.

1 ➡ ⊕ ➡

0.3	0.5	
0.1	0.9	

2 ➡ ⊕ ➡

0.13	0.46	
0.55	0.76	

3 ➡ ⊕ ➡

0.013	0.107	
0.098	0.433	

4 ➡ ⊕ ➡

1.6	2.9	
5.7	3.4	

5 ➡ ⊕ ➡

1.04	2.32	
7.16	8.84	

6 ➡ ⊕ ➡

1.432	4.008	
5.012	0.417	

7 ➡ ⊕ ➡

11.5	14.7	
20.6	3.4	

8 ➡ ⊕ ➡

16.01	2.43	
8.14	19.08	

9 ➡ ⊕ ➡

1.4	2.9	
0.013	0.807	

10 ➡ ⊕ ➡

7.16	20.24	
0.417	1.432	

● ☐ 안에 알맞은 수를 써넣으세요.

11
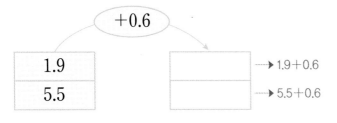

12
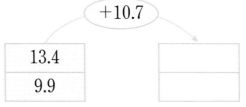

13
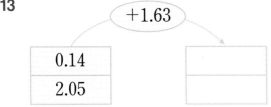

14
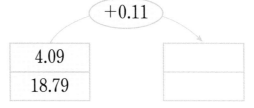

15
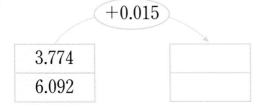

16
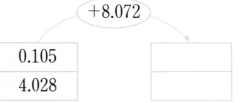

17
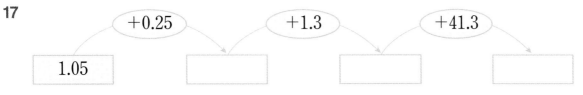

18

19

09 집중 연산 ②

● 계산해 보세요.

1
```
    0.5
  + 0.7
```

2
```
    9.5
  + 5.6
```

3
```
    7.5
  + 8.9
```

4
```
    0.7 7
  + 0.9 8
```

5
```
    9.0 2
  + 6.1 7
```

6
```
    6.8 2
  + 4.5 7
```

7
```
  1 0.2
  +   5.8
```

8
```
  1 3.3 5
  +   5.3 8
```

9
```
    4.5 3
  + 1 1.5 6
```

10
```
    0.2 7 6
  + 0.6 4 8
```

11
```
    0.0 3 8
  + 0.4 4 7
```

12
```
    2.8 3 6
  + 1.4 3 7
```

13
```
    7.2 7 6
  + 5.4 3 9
```

14
```
    5.2 0 4
  + 1 6.0 9 9
```

15
```
  1 0.3 5 5
  +   4.0 7 1
```

16 0.8+0.8

5.4+1.4

17 0.9+0.4

8.2+5.1

18 0.54+0.06

9.11+6.13

19 0.45+0.13

2.83+2.52

20 0.331+0.241

3.588+6.283

21 0.576+0.142

7.243+8.123

22 12.3+6.9

1.5+15.2

23 17.33+3.46

4.53+20.63

24 8.017+6.594

3.798+1.216

25 8.004+6.047

0.271+4.006

26 18.3+10.6

3.56+12.04

27 25.12+30.06

10.024+11.108

학습내용

- ▶ 자연수와 소수의 덧셈
- ▶ 소수 한 자리 수와 소수 두 자리 수의 덧셈
- ▶ 소수 한 자리 수와 소수 세 자리 수의 덧셈
- ▶ 소수 두 자리 수와 소수 세 자리 수의 덧셈
- ▶ ◯ 안에 알맞은 수 구하기
- ▶ 길이의 합 구하기

01 자연수와 소수의 덧셈

✢ 13+1.5의 계산

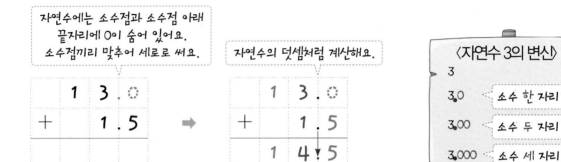

자연수에는 소수점과 소수점 아래 끝자리에 0이 숨어 있어요.
소수점끼리 맞추어 세로로 써요.

자연수의 덧셈처럼 계산해요.

소수점은 그대로 내려 찍어요.

〈자연수 3의 변신〉
3
3.0 ← 소수 한 자리
3.00 ← 소수 두 자리
3.000 ← 소수 세 자리

● 계산해 보세요.

1
```
   5 . 0
+  6 . 7
```
→ 소수점 아래 끝자리에 0을 붙여서 계산해요.

2
```
   8
+  8 . 2
```

3
```
   1 . 9
+  2
```

4
```
   7 . 0 0
+  0 . 1 1
```

5
```
   4
+  2 . 5 3
```

6
```
   5 . 0 7
+  3
```

7
```
   9 . 0 0 0
+  0 . 2 8 3
```

8
```
   2
+  1 . 3 5 9
```

9
```
   6 . 3 0 4
+  8
```

→음식을 만들 때에 가루, 조미료, 액체 등의 양을 재는 기구

● 계량스푼을 이용하여 한 스푼씩 양념을 넣었습니다. 넣은 양념의 양을 구하세요.

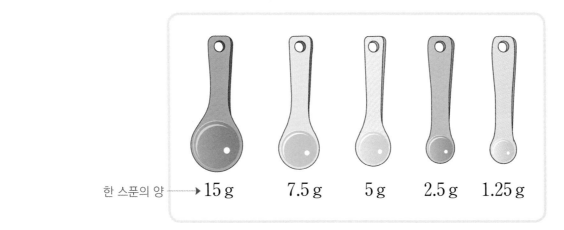

한 스푼의 양 →   15 g   7.5 g   5 g   2.5 g   1.25 g

10

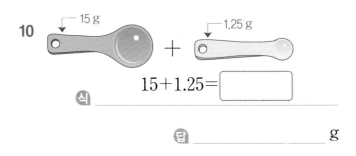

15+1.25=☐

식 _____

답 _____ g

11

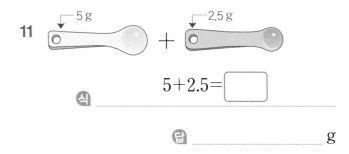

5+2.5=☐

식 _____

답 _____ g

12

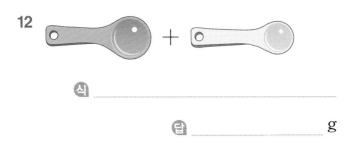

식 _____

답 _____ g

13

식 _____

답 _____ g

14

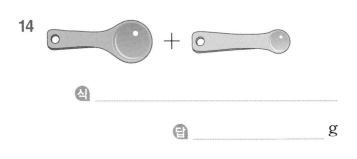

식 _____

답 _____ g

15

식 _____

답 _____ g

02 소수 한 자리 수와 소수 두 자리 수의 덧셈 (1)

✤ 0.7+1.29의 계산

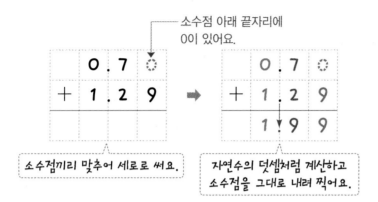

소수점 아래 끝자리에
0이 있어요.

소수점끼리 맞추어 세로로 써요.

자연수의 덧셈처럼 계산하고
소수점을 그대로 내려 찍어요.

어~ 줄을 잘못 섰나?

나와 나란히 맞추어야지~.

● 계산해 보세요.

1
```
    0 . 3   2
+   0 . 2   0
─────────────
```

2
```
    0 . 8   0
+   0 . 1   4
─────────────
```

3
```
    0 . 1   2
+   0 . 7
─────────────
```

4
```
    1 . 5   3
+   3 . 9
─────────────
```

5
```
    2 . 8   4
+   6 . 6
─────────────
```

6
```
    5 . 7   6
+   1 . 5
─────────────
```

7
```
    7 . 5
+   8 . 6   4
─────────────
```

8
```
    6 . 2   5
+   5 . 9
─────────────
```

9
```
    3 . 2
+   9 . 8   5
─────────────
```

무게의 단위로 '밀리그램'이라 읽어요.
1 mg＝0.001 g이에요.

● 병원에서 처방받은 약입니다. 한 봉지에 담긴 약은 모두 몇 mg인지 구하세요.

10

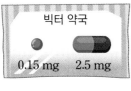

빅터 약국
0.15 mg   2.5 mg

```
      0 . 1   5
  +   2 . 5
  ─────────────
                (mg)
```

11

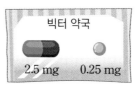

빅터 약국
2.5 mg   0.25 mg

```
      2 . 5
  +   0 . 2   5
  ─────────────
                (mg)
```

12

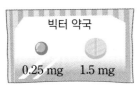

빅터 약국
0.25 mg   1.5 mg

```
  ─────────────
                (mg)
```

13

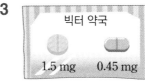

빅터 약국
1.5 mg   0.45 mg

```
  ─────────────
                (mg)
```

14

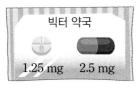

빅터 약국
1.25 mg   2.5 mg

```
  ─────────────
                (mg)
```

15

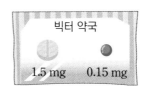

빅터 약국
1.5 mg   0.15 mg

```
  ─────────────
                (mg)
```

16

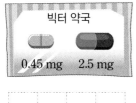

빅터 약국
0.45 mg   2.5 mg

```
  ─────────────
                (mg)
```

17

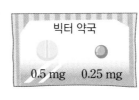

빅터 약국
0.5 mg   0.25 mg

```
  ─────────────
                (mg)
```

03 소수 한 자리 수와 소수 두 자리 수의 덧셈 (2)

✛ 1.29+0.7의 계산

1.29+0.7

⬇

1.29+0.7◯=1.99

소수점 아래 끝자리에 0을 붙여
소수 두 자리 수로 만들어서 계산해요!

세로로 계산할
수도 있어요!
```
  1.2 9
+ 0.7 ◯
─────
  1.9 9
```

● 계산해 보세요.

1 0.02+0.5
⬇
0.02+0.5◯

2 0.4+0.28
⬇
0.4◯+0.28

3 0.16+0.4

4 0.9+0.06

5 1.26+5.3

6 5.8+2.32

7 4.09+7.6

8 1.5+7.56

9 9.23+7.6

10 3.4+2.88

● 계산해 보세요.

11   0.74＋0.8＝ [ ] 파

12   3.3＋0.85＝ [ ] 닭

13   1.62＋0.9＝ [ ] 날

14   9.4＋0.04＝ [ ] 은

15   3.69＋3.2＝ [ ] 벳

16   5.7＋3.29＝ [ ] 다

17   1.05＋6.8＝ [ ] 마

18   4.2＋4.85＝ [ ] 는

19   7.74＋1.2＝ [ ] 알

계산 결과에 해당하는 글자를
빈칸에 써넣으세요.
이 수수께끼의 답은 무엇일까요?

수수께끼

2.52	7.85	8.99	4.15	9.05	8.94	1.54	6.89	9.44

?

04 소수 한 자리 수와 소수 세 자리 수의 덧셈 (1)

✜ 10.704+8.5의 계산

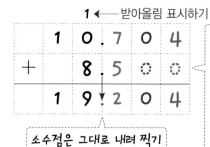

● 계산해 보세요.

1
```
    0 . 5 ○ ○
 +  0 . 4 3 5
```

2
```
    1 . 9
 +  1 . 0 0 7
```

3
```
    0 . 8
 +  2 . 4 1 3
```

4
```
    2 . 1 8 7
 +  6 . 5 ○ ○
```

5
```
    0 . 0 9 4
 +  5 . 3
```

6
```
    1 . 3 4 8
 +  1 . 9
```

7
```
    5 . 6 7 7
 +  2 . 8 ○ ○
```

8
```
    4 . 8
 +  1 . 9 1 3
```

9
```
    2 . 3 6 1
 +  7 . 7
```

● 비료를 넣은 화분의 무게를 구하세요.

10

2.153 kg   1.5 kg

	2	.	1	5	3
+			1	.	5
					(kg)

11

3.9 kg   0.703 kg

	3	.	9		
+	0	.	7	0	3
					(kg)

12

1.129 kg   1.4 kg

	1	.	1	2	9
+			1	.	4
					(kg)

13

2.5 kg   0.936 kg

(kg)

14

7.7 kg   1.364 kg

(kg)

15

4.501 kg   0.6 kg

(kg)

16

6.904 kg   0.5 kg

(kg)

17

8.005 kg   1.6 kg

(kg)

18

3.6 kg   1.514 kg

(kg)

05 소수 한 자리 수와 소수 세 자리 수의 덧셈 (2)

✢ 8.5+10.704의 계산

8.5+10.704

⬇

8.500+10.704=19.204

↑
소수점 아래 끝자리에 0이 숨어 있어요.

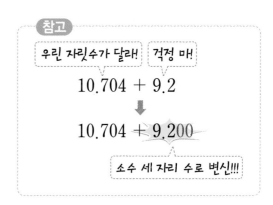

● 계산해 보세요.

1   0.115+0.7
↓
0.115+0.700

2   1.6+0.305
↓
1.600+0.305

3   1.006+3.9

4   3.2+0.614

5   8.924+1.6

6   2.7+1.513

7   6.143+0.9

8   5.4+1.458

9   5.505+6.6

10   7.3+4.882

● 계산해 보세요.

11 7.5+1.675

=

12 6.304+2.2

=

13 3.613+6.1

=

14 5.6+3.535

=

15 2.009+9.5

=

16 4.2+3.124

=

17 8.2+2.904

=

18 5.2+1.336

=

19 6.401+1.7

=

06 소수 두 자리 수와 소수 세 자리 수의 덧셈 (1)

✚ 14.54＋7.309의 계산

① 소수점끼리 맞추어 세로로 쓰기

② 소수점 아래 끝자리에 0을 붙여 자연수의 덧셈처럼 계산하기

③ 소수점은 그대로 내려 찍기

● 계산해 보세요.

1
```
    0 . 3 7 0
  + 0 . 1 0 4
```

2
```
    1 . 2 6
  + 4 . 3 0 4
```

3
```
    6 . 0 7
  + 0 . 2 7 8
```

4
```
    7 . 1 8 3
  + 1 . 0 9 0
```

5
```
    2 . 3 6 4
  + 8 . 6 4
```

6
```
    0 . 1 8 7
  + 3 . 9 2
```

7
```
    5 . 4 5 9
  + 5 . 8 6
```

8
```
    9 . 0 3 7
  + 1 . 1 9
```

9
```
    3 . 8 2 1
  + 2 . 0 8
```

10 계산 결과를 따라갈 때 자동차가 도착하는 곳에 ○표 하세요.

출발

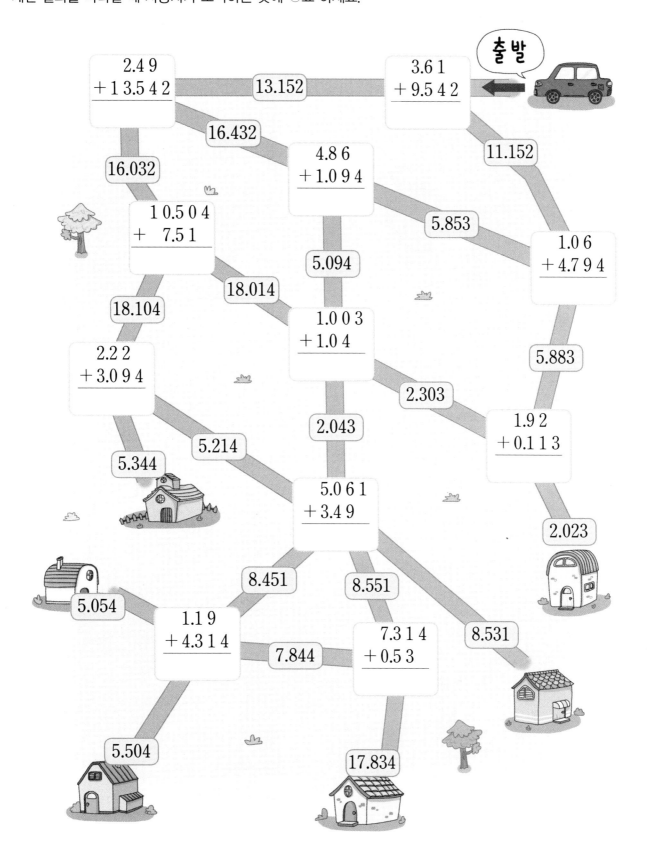

$$\begin{array}{r} 2.4\ 9 \\ +1\ 3.5\ 4\ 2 \end{array}$$

13.152

$$\begin{array}{r} 3.6\ 1 \\ +9.5\ 4\ 2 \end{array}$$

16.432

16.032

11.152

$$\begin{array}{r} 4.8\ 6 \\ +1.0\ 9\ 4 \end{array}$$

$$\begin{array}{r} 1\ 0.5\ 0\ 4 \\ +\ \ 7.5\ 1 \end{array}$$

5.853

5.094

$$\begin{array}{r} 1.0\ 6 \\ +4.7\ 9\ 4 \end{array}$$

18.014

18.104

$$\begin{array}{r} 1.0\ 0\ 3 \\ +1.0\ 4 \end{array}$$

5.883

$$\begin{array}{r} 2.2\ 2 \\ +3.0\ 9\ 4 \end{array}$$

2.303

2.043

$$\begin{array}{r} 1.9\ 2 \\ +0.1\ 1\ 3 \end{array}$$

5.214

5.344

$$\begin{array}{r} 5.0\ 6\ 1 \\ +3.4\ 9 \end{array}$$

2.023

5.054

8.451

8.551

8.531

$$\begin{array}{r} 1.1\ 9 \\ +4.3\ 1\ 4 \end{array}$$

7.844

$$\begin{array}{r} 7.3\ 1\ 4 \\ +0.5\ 3 \end{array}$$

5.504

17.834

07 소수 두 자리 수와 소수 세 자리 수의 덧셈 (2)

✢ 7.309+14.54의 계산

7.309+14.54

⬇

7.309+14.540=21.849

소수 세 자리 수로 만들어서 계산해요!

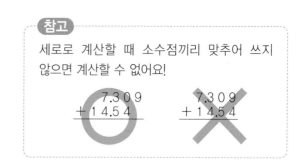

참고

세로로 계산할 때 소수점끼리 맞추어 쓰지 않으면 계산할 수 없어요!

● 계산해 보세요.

1   0.102+0.33
      ⬇
    0.102+0.330

2   0.76+0.108
     ⬇
   0.760+0.108

3   0.834+0.55

4   1.99+1.486

5   5.701+1.72

6   2.46+1.939

7   8.054+4.92

8   3.03+3.688

9   9.128+5.87

10   5.02+6.114

● 스핑크스가 말한 두 수의 합을 구하세요.

11

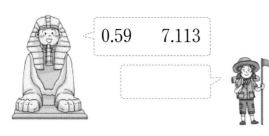

0.59   7.113

12

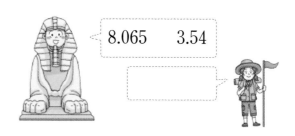

8.065   3.54

13

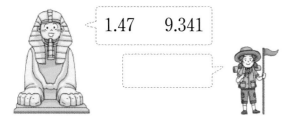

1.47   9.341

14

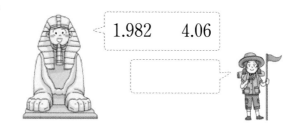

1.982   4.06

15

5.03   6.274

16

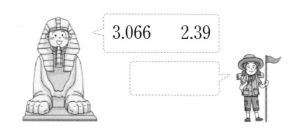

3.066   2.39

17

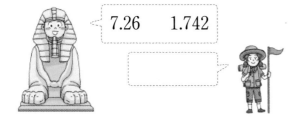

7.26   1.742

18

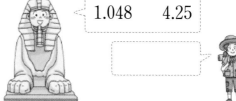

1.048   4.25

08 □ 안에 알맞은 수 구하기

✤ 0.□8＋1.9＝□.68의 식 완성하기

$$
\begin{array}{r}
0\,.\,\square\,8 \\
+\ 1\,.\,9 \\
\hline
\square\,.\,6\,8
\end{array}
\quad\Rightarrow\quad
\begin{array}{r}
^{1} \\
0\,.\,\boxed{7}\,8 \\
+\ 1\,.\,9\,\circ \\
\hline
\boxed{2}\,.\,6\,8
\end{array}
$$

소수 첫째 자리 수의 합이
□＋9＝16이므로
일의 자리로
받아올림해야 해요.

1＋0＋1＝2 ——↑   ↑——□＋9＝16, □＝7

● □ 안에 알맞은 수를 써넣으세요.

1
$$
\begin{array}{r}
5\,.\,\boxed{}\,9 \\
+\ 1\,.\,5\,\circ \\
\hline
6\,.\,9\,\boxed{}
\end{array}
$$
0을 써넣고 계산해요.

2
$$
\begin{array}{r}
\boxed{}\,.\,3 \\
+\ 5\,.\,8\,6 \\
\hline
1\,5\,.\,\boxed{}\,6
\end{array}
$$

3
$$
\begin{array}{r}
\boxed{}\,.\,4\,9 \\
+\ 2\,.\,8 \\
\hline
4\,.\,\boxed{}\,9
\end{array}
$$

4
$$
\begin{array}{r}
8\,.\,\boxed{}\,5 \\
+\ \boxed{}\,.\,7 \\
\hline
1\,3\,.\,1\,5
\end{array}
$$

5
$$
\begin{array}{r}
1\,.\,0\,0\,2 \\
+\ 4\,.\,\boxed{}\,8 \\
\hline
5\,.\,9\,8\,\boxed{}
\end{array}
$$

6
$$
\begin{array}{r}
5\,.\,\boxed{} \\
+\ 0\,.\,4\,1\,\boxed{} \\
\hline
6\,.\,2\,1\,9
\end{array}
$$

● 메모지가 붙어 있는 곳에 알맞은 수를 써넣으세요.

7

```
    0. 3
+ 0.
─────────
  0. 9   7
```

8

```
    2 .
+    . 5 7
─────────
  4 . 4 7
```

9

```
    4 .   8
+    . 0 6 3
───────────
  6 . 2 4 3
```

10

```
  1.   6
+ 1. 2 5
─────────
  2. 4 1 5
```

11

```
     . 9 6
+  2 .
─────────
  8 . 5 6
```

12

```
  5 . 5
+ 5 .      4
───────────
  1    . 1 4
```

13

```
  0. 4   4 8
+ 0.
───────────
  0. 7     8
```

14

```
  1.   6 8
+ 2. 9
─────────
  4. 0 6
```

09 길이의 합 구하기

✤ 4.15 m와 2.7 m의 합 구하기

소수점끼리 맞추어 세로로 써요.

		4 .	1	5	m
+		2 .	7		m

자연수의 덧셈처럼 계산하고 소수점을 그대로 내려 찍어요.

➡

		4 .	1	5	m
+		2 .	7	0	m
		6 .	8	5	m

계산을 한 뒤에는 반드시 단위를 쓰세요!

● 계산해 보세요.

1

		5 .	7			m
+		2 .	1	9	4	m
						m

2

	1	9 .	3		m
+	2	0 .	6	6	m
					m

3

		4 .	0	4	8	m
+		6 .	1	7		m
						m

4

		7 .	2	4		m
+		8 .	6	0	5	m
						m

5

	1	2 .	5		m
+		8 .	9	7	m
					m

6

		0 .	5	4		m
+		2 .	3	6	1	m
						m

7

	3	3 .	5	6	m
+		7 .	8		m
					m

8

		6 .	5	2	m
+	1	4 .	2		m
					m

● 주어진 두 길이의 합을 구하세요.

9

13.7 m   24.56 m

[   ] m

10

27.5 m   3.6 m

[   ] m

11

2.56 m   4.907 m

[   ] m

12

1.5 m   2.016 m

[   ] m

13

1.7 m   5.478 m

[   ] m

14

2.436 m   6.52 m

[   ] m

15

18.42 m   2.6 m

[   ] m

16

3.1 m   8.02 m

[   ] m

계산 결과에 해당하는 글자에 ×표 하고 남은 글자를 위부터 차례대로 읽어 보세요.

소 21.02	쥐 3.826	사 31.1
불 58.52	보 7.467	부 38.26
림 11.12	놀 2.102	가 3.516
다 7.178	름 8.956	이 74.67

정월 대보름날 빈 깡통 안에 나뭇가지로 불을 피운 다음 돌리다가 논밭에 불을 놓아 해충을 없애는 민속놀이예요.

10 집중 연산 ❶

● 선으로 연결된 두 수의 합을 구하여 빈칸에 써넣으세요.

1

0.25
1.6
0.423

2.023

└─ 1.6+0.423

└─ 0.25+1.6

2

1.9
0.27
0.558

2.17

└─ 0.27+0.558

└─ 1.9+0.27

3

7.6
1.014
12.4

4

0.11
8.5
3.908

5

0.7
6.31
6.2

6

4.088
4.2
7.215

7

7.1
3.09
6.012

8

13.15
0.353
21.72

9

19
4.5
7

10

13.29
6
8.114

● 선으로 연결된 두 수의 합을 구하여 아래 칸에 써넣으세요.

11
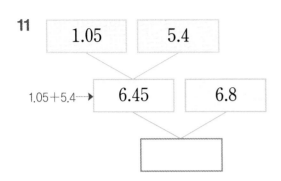
| 1.05 | 5.4 |

1.05+5.4→ 6.45   6.8

12
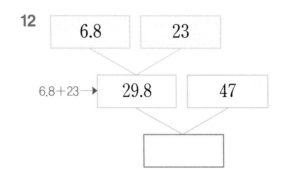
| 6.8 | 23 |

6.8+23→ 29.8   47

13
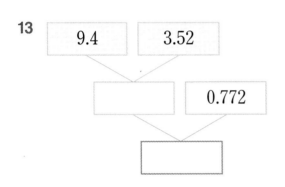
| 9.4 | 3.52 |

0.772

14
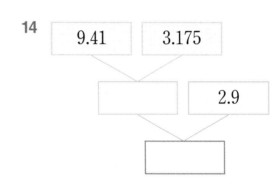
| 9.41 | 3.175 |

2.9

15
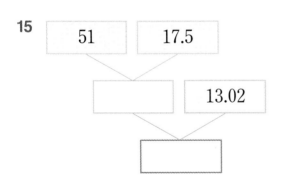
| 51 | 17.5 |

13.02

16
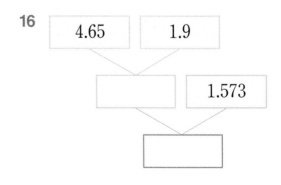
| 4.65 | 1.9 |

1.573

17
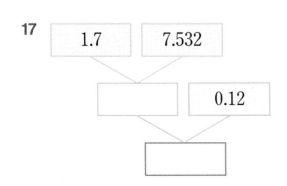
| 1.7 | 7.532 |

0.12

18
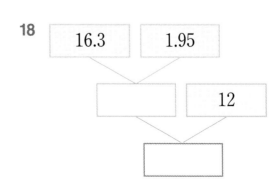
| 16.3 | 1.95 |

12

11 집중 연산 ❷

● 계산해 보세요.

1
```
   3.6
+ 1.9 2
```

2
```
   6.8
+ 2.9 7
```

3
```
   1.5 4
+ 5.4
```

4
```
   7.4 6
+ 2.8
```

5
```
   9.2
+ 1.0 4 6
```

6
```
   8.1
+ 0.9 4 4
```

7
```
   4.5 0 9
+ 6.4
```

8
```
   6.0 4
+ 1.9 6 5
```

9
```
   2.1 6
+ 3.8 3 2
```

10
```
   9.0 7 7
+ 4.0 5
```

11
```
   6.0 8 9
+ 5.1 6
```

12
```
   7.9 1 9
+ 6.7
```

13
```
   1 8.1 2
+   7.8 0 8
```

14
```
   4 3.5
+ 1 2.4 3
```

15
```
   4.3 5 1
+ 1 6.8
```

16 16+2.7

16+13.5

17 11+3.95

11+2.08

18 21+7.848

21+12.607

19 1.25+9

4.67+15

20 5.176+20

17.055+10

21 0.5+0.75

0.9+0.88

22 6.184+3.15

4.351+1.07

23 7.96+5.432

2.03+0.814

24 14.99+7.7

35.05+5.5

25 75.6+37.42

3.8+7.05

26 3.47+0.814

4.42+7.372

27 3.154+6.18

8.265+4.11

6 자릿수가 같은 소수의 뺄셈

학습내용

▶ 소수 한 자리 수의 뺄셈
▶ 소수 두 자리 수의 뺄셈
▶ 소수 세 자리 수의 뺄셈
▶ ☐ 안에 알맞은 수 구하기

01 1보다 작은 소수 한 자리 수의 뺄셈

✤ 0.6−0.4의 계산

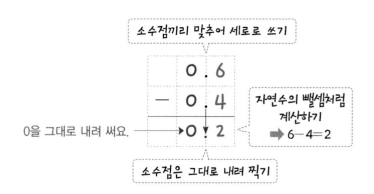

● 계산해 보세요.

1

```
    0 . 8
 −  0 . 4
─────────
```

2

```
    0 . 4
 −  0 . 1
─────────
```

3

```
    0 . 5
 −  0 . 3
─────────
```

4

```
    0 . 7
 −  0 . 6
─────────
```

5

```
    0 . 8
 −  0 . 6
─────────
```

6

```
    0 . 4
 −  0 . 2
─────────
```

7

```
    0 . 3
 −  0 . 1
─────────
```

8

```
    0 . 4
 −  0 . 3
─────────
```

9

```
    0 . 6
 −  0 . 2
─────────
```

● 물 0.9 L에서 마시고 남은 양입니다. 마신 물의 양을 구하세요.

10
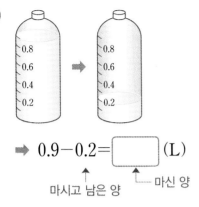

➡ $0.9 - 0.2 =$ ⬚ (L)

↑ 마시고 남은 양   ↑ 마신 양

11
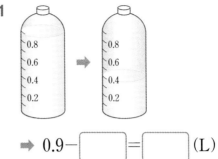

➡ $0.9 -$ ⬚ $=$ ⬚ (L)

12
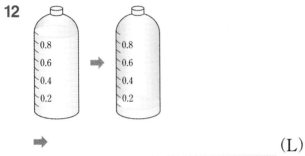

➡ _____ (L)

13
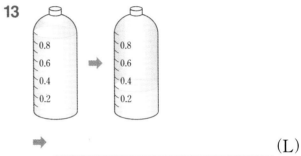

➡ _____ (L)

14
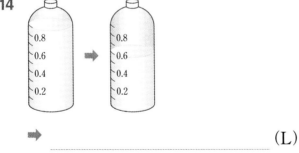

➡ _____ (L)

15

➡ _____ (L)

16
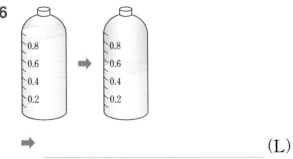

➡ _____ (L)

17
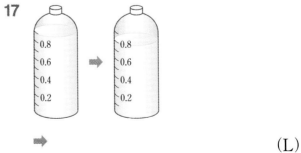

➡ _____ (L)

02 1보다 큰 소수 한 자리 수의 뺄셈

✚ 16.4 − 4.8의 계산

5 10 → 소수 첫째 자리끼리
계산할 수 없으므로
일의 자리에서
받아내림했어요.

소수점은 그대로 내려 찍어요!

자연수의 뺄셈처럼
받아내림해서
계산해요.

● 계산해 보세요.

1
```
    7 . 7
 −  3 . 5
```
↓
결과에 반드시 소수점은 그대로 내려 찍어요!

2
```
    2 . 5
 −  1 . 3
```

3
```
    5 . 5
 −  4 . 4
```

4
```
    9 . 7
 −  6 . 3
```

5
```
    6 . 7
 −  2 . 8
```

6
```
    6 . 2
 −  4 . 8
```

7
```
  1 0 . 8
 −   8 . 5
```

8
```
  2 6 . 5
 −   7 . 6
```

9
```
  4 3 . 3
 − 1 3 . 4
```

● 요일별 최고 기온과 최저 기온의 차를 구하세요.

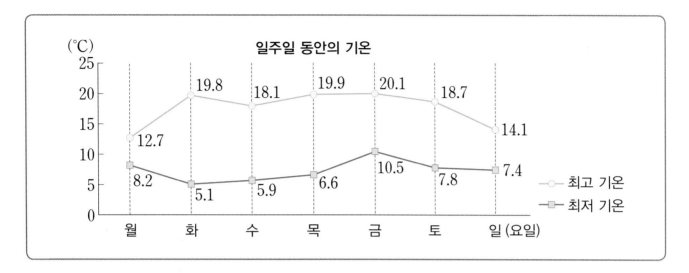

10 월요일

식 $12.7 - 8.2 =$ ☐

답 ＿＿＿＿＿＿＿ ℃

11 화요일

식 $19.8 -$ ☐ $=$ ☐

답 ＿＿＿＿＿＿＿ ℃

12 수요일

식 ＿＿＿＿＿＿＿＿＿＿＿

답 ＿＿＿＿＿＿＿ ℃

13 목요일

식 ＿＿＿＿＿＿＿＿＿＿＿

답 ＿＿＿＿＿＿＿ ℃

14 금요일

식 ＿＿＿＿＿＿＿＿＿＿＿

답 ＿＿＿＿＿＿＿ ℃

15 토요일

식 ＿＿＿＿＿＿＿＿＿＿＿

답 ＿＿＿＿＿＿＿ ℃

16 일요일

식 ＿＿＿＿＿＿＿＿＿＿＿

답 ＿＿＿＿＿＿＿ ℃

최고 기온과 최저 기온의
차가 가장 컸던 요일은
무슨 요일일까요?

03 1보다 작은 소수 두 자리 수의 뺄셈

✣ 0.74−0.28의 계산

```
      6  10
   0 . 7  4      ① 소수점끼리 맞추어 세로로 쓰기
 − 0 . 2  8      ② 자연수의 뺄셈처럼 계산하기
   0 . 4  6      ③ 소수점은 그대로 내려 찍기
```

```
  0.01이 74개인 수
− 0.01이 28개인 수
  0.01이 46개인 수  ➡ 0.46
```

● 계산해 보세요.

1
```
   0 . 0  6
 − 0 . 0  3
```

2
```
   0 . 3  2
 − 0 . 3  1
```

3
```
   0 . 5  3
 − 0 . 1  1
```

4
```
   0 . 9  8
 − 0 . 9  3
```

5
```
   0 . 6  5
 − 0 . 5  3
```

6
```
   0 . 4  1
 − 0 . 1  2
```

7
```
   0 . 7  4
 − 0 . 4  7
```

8
```
   0 . 9  1
 − 0 . 3  7
```

9
```
   0 . 4  3
 − 0 . 2  9
```

● 두 수의 차를 빈칸에 써넣으세요.

10

0.55	0.93

미

0.23	0.54

무

11

0.43	0.76

쑥

0.55	0.96

륵

12

0.04	0.16

절

0.16	0.38

사

13

0.24	0.13

편

0.53	0.21

지

14

0.99	0.05

석

0.92	0.06

모

15

0.16	0.12

지

0.71	0.98

탑

차가 더 큰 쪽에
해당하는 글자를 빈칸에
써넣어 보세요.
우리나라 국보 11호의
이름을 알 수 있어요.

10	11	12	13		14	15

백제 시대에 만들어진
것으로 추정되는 이 탑은
현재 남아 있는 가장
오래된 석탑으로 커다란
규모를 자랑합니다.

04 1보다 큰 소수 두 자리 수의 뺄셈

✤ 6.34−1.38의 계산

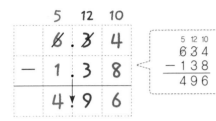

받아내림에 주의하여 계산해요.

● 계산해 보세요.

1

	1 .	2	3
−	1 .	0	2

2

	2 .	3	8
−	1 .	1	6

3

	8 .	8	2
−	5 .	0	1

4

	5 .	8	8
−	3 .	2	1

5

	6 .	5	1
−	2 .	2	7

6

	7 .	5	9
−	4 .	8	6

7

	2	8 .	0	5
−		3 .	9	4

8

	2	9 .	6	4
−	1	6 .	0	6

9

	7	1 .	6	6
−	3	4 .	5	7

● 어느 수영 대회에서 우승을 한 선수의 기록입니다. 여자와 남자의 기록 차를 구하세요.

10

자유형	50 m	100 m
여자	23.73초	57.07초
남자	20.91초	46.91초

(1) 자유형 50 m

➡ 23.73−20.91= ☐ (초)

(2) 자유형 100 m

➡ 57.07− ☐ = ☐ (초)

11

배영	50 m	100 m
여자	27.06초	58.12초
남자	24.04초	51.94초

(1) 배영 50 m

➡ 27.06−24.04= ☐ (초)

(2) 배영 100 m

➡ ☐ −51.94= ☐ (초)

12

평영	50 m	100 m
여자	29.48초	59.35초
남자	26.42초	57.92초

(1) 평영 50 m

➡ _____ (초)

(2) 평영 100 m

➡ _____ (초)

13

접영	50 m	100 m
여자	24.23초	55.64초
남자	22.43초	49.82초

(1) 접영 50 m

➡ _____ (초)

(2) 접영 100 m

➡ _____ (초)

05 1보다 작은 소수 세 자리 수의 뺄셈

✛ 0.459−0.214의 계산

```
  0 . 4  5  9
− 0 . 2  1  4
  0 . 2  4  5
```
소수점 앞에 숫자가 없으면 0을 써요.

[자연수의 계산]   [소수의 계산]
```
   2 5 9          0.2 5 9
 − 2 1 4    ➡    − 0.2 1 4
   4 5            0.0 4 5
```
소수점을 찍고 남은 빈 자리에는
0을 써 주어야 해요!

● 계산해 보세요.

1
```
  0 . 0  9  3
− 0 . 0  0  2
```

2
```
  0 . 5  1  6
− 0 . 4  1  3
```

3
```
  0 . 3  8  6
− 0 . 2  0  5
```

4
```
  0 . 6  2  4
− 0 . 1  9  5
```

5
```
  0 . 7  6  6
− 0 . 5  0  7
```

6
```
  0 . 5  0  8
− 0 . 0  1  4
```

7
```
  0 . 8  6  4
− 0 . 3  9  9
```

8
```
  0 . 1  0  5
− 0 . 0  1  2
```

9
```
  0 . 2  3  9
− 0 . 1  8  2
```

10 천재가 푼 문제입니다. 채점을 하고 틀린 것은 정답을 써 보세요.

<div align="center">쪽지 시험</div> 범위: 1보다 작은 소수 세 자리 수의 뺄셈	이름	<div align="center">김천재</div>

(1)
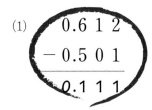
```
  0.6 1 2
- 0.5 0 1
---------
  0.1 1 1
```

(6)
```
  0.4 4 7
- 0.0 5 2
---------
  0.3 9 5
```

(2)
~~0.9 0 3~~
~~- 0.7 5 2~~
~~0.2 5 1~~ 0.151

(7)
```
  0.7 6 1
- 0.5 0 4
---------
  0.2 6 7
```

(3)
```
  0.5 4 7
- 0.0 9 4
---------
  0.4 5 3
```

(8)
```
  0.6 4 3
- 0.1 3 8
---------
  0.5 0 5
```

(4)
```
  0.8 8 5
- 0.1 9 2
---------
  0.6 9 3
```

(9)
```
  0.3 9 3
- 0.0 1 2
---------
  0.3 8 1
```

(5)
```
  0.2 3 6
- 0.1 2 7
---------
  0.2 0 9
```

(10)
```
  0.4 3 7
- 0.1 5 6
---------
  0.1 8 1
```

06 1보다 큰 소수 세 자리 수의 뺄셈

✛ 2.978−1.359의 계산

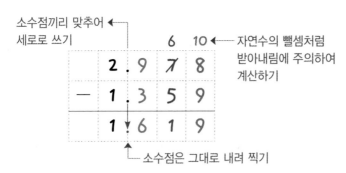

소수점끼리 맞추어
세로로 쓰기

6 10 ← 자연수의 뺄셈처럼
받아내림에 주의하여
계산하기

```
  2 . 9 7̸ 8
−  1 . 3 5 9
  1 . 6 1 9
```

소수점은 그대로 내려 찍기

<참고>
```
  2 . 0 9 8
− 1 . 0 8 8
  1 . 0 1 0̸
```
끝자리 0은 생략할
수 있어요.

● 계산해 보세요.

1
```
  1 . 0 4 5
− 1 . 0 3 3
```

2
```
  2 . 1 9 3
− 1 . 0 0 2
```

3
```
  5 . 5 3 7
− 3 . 0 2 4
```

4
```
  5 . 3 4 2
− 3 . 0 0 4
```

5
```
  4 . 6 2 7
− 1 . 3 7 8
```

6
```
  6 . 5 0 4
− 2 . 0 9 9
```

7
```
  2 7 . 9 5 1
− 2 6 . 4 0 8
```

8
```
  5 3 . 1 1 6
− 3 1 . 9 9 6
```

9
```
  4 4 . 8 1 6
− 1 6 . 9 2 9
```

● 리듬체조 대회에서 1등, 2등, 3등을 차지한 선수들의 점수입니다. 순위별 점수의 차를 구하세요.

종목 순위	후프	볼	곤봉	리본
1등	18.002점	18.151점	18.355점	18.053점
2등	17.951점	17.702점	16.151점	17.254점
3등	17.458점	16.705점	15.905점	16.411점

10 후프 1등과 2등

➡ $18.002 - 17.951 =$ ☐ (점)

11 후프 2등과 3등

➡ $17.951 - 17.458 =$ ☐ (점)

12 볼 1등과 3등

➡ ☐ $- 16.705 =$ ☐ (점)

13 볼 2등과 3등

➡ $17.702 -$ ☐ $=$ ☐ (점)

14 곤봉 1등과 2등

➡ _____ (점)

15 곤봉 1등과 3등

➡ _____ (점)

16 리본 1등과 3등

➡ _____ (점)

17 리본 2등과 3등

➡ _____ (점)

07 ☐ 안에 알맞은 수 구하기

✛ ☐+3.578=6.074에서 ☐ 안에 알맞은 수 구하기

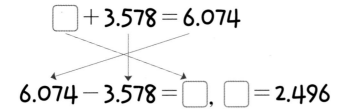

$$\boxed{} + 3.578 = 6.074$$

$$6.074 - 3.578 = \boxed{}, \quad \boxed{} = 2.496$$

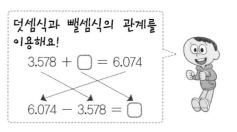

덧셈식과 뺄셈식의 관계를 이용해요!

3.578 + ☐ = 6.074

6.074 − 3.578 = ☐

● ☐ 안에 알맞은 수를 써넣으세요.

1 ☐ +4.8=5.9

  ☐ +8.2=11.6

2 5.6+ ☐ =10.8

  7.3+ ☐ =13.1

3 ☐ +6.62=8.83

  ☐ +0.54=7.12

4 3.04+ ☐ =10.18

  2.49+ ☐ =11.73

5 ☐ +1.035=2.047

  ☐ +2.174=5.803

6 1.126+ ☐ =2.368

  7.712+ ☐ =12.027

● ☐ 안에 알맞은 수를 써넣으세요.

7 0.9 + ☐ = 1.4
이

8 ☐ + 1.7 = 3.6
쓰

9 0.15 + ☐ = 0.63
가

10 ☐ + 0.53 = 1.02
족

11 1.091 + ☐ = 3.436
는

12 ☐ + 3.604 = 4.117
일

13 3.64 + ☐ = 4.03
온

14 ☐ + 4.2 = 10.8
약

15 6.183 + ☐ = 6.685
매

16 0.234 + ☐ = 7.266
은

☐ 안에 알맞은 수가 작은 것부터 차례대로 해당하는 글자를
빈칸에 써넣고 답을 구하세요. 이 수수께끼의 답은 두 글자예요.

수수께끼

									?

08 집중 연산 ❶

● 두 수의 차를 빈칸에 써넣으세요.

1
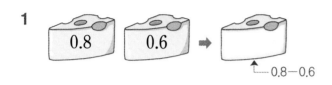
0.8   0.6   ➡
↑—— 0.8—0.6

2
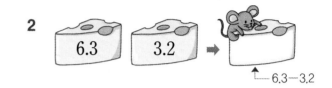
6.3   3.2   ➡
↑—— 6.3—3.2

3

0.55   0.14   ➡

4

7.38   1.04   ➡

5
0.919   0.518   ➡

6

4.704   2.601   ➡

7
8.32   3.09   ➡

8
14.05   9.84   ➡

9
5.004   2.914   ➡

10

22.5   17.8   ➡

11
7.203   4.089   ➡

12
3.048   0.197   ➡

● 보기 와 같이 두 수의 차를 빈칸에 써넣으세요.

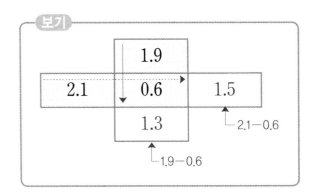

보기

	1.9	
2.1	0.6	1.5
	1.3	

└ 2.1−0.6

└ 1.9−0.6

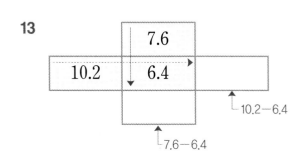

13

	7.6	
10.2	6.4	

└ 10.2−6.4

└ 7.6−6.4

14

	1.43	
4.39	0.38	

15

	5.62	
8.46	2.35	

16

	7.3	
6.6	2.6	

17

	5.09	
2.46	1.64	

18

	11.9	
16.2	7.8	

19

	50.09	
55.98	46.48	

20

	4.239	
2.011	0.119	

21

	7.045	
6.052	2.013	

● 계산해 보세요.

1
```
   0.8
 − 0.2
 ─────
```

2
```
   0.6
 − 0.5
 ─────
```

3
```
   0.1 9
 − 0.0 8
 ───────
```

4
```
   3.7
 − 1.9
 ─────
```

5
```
   5.4
 − 2.6
 ─────
```

6
```
   2.0 4
 − 1.9 2
 ───────
```

7
```
   0.2 4
 − 0.1 8
 ───────
```

8
```
   0.0 5 3
 − 0.0 4 2
 ─────────
```

9
```
   0.9 7 6
 − 0.8 0 3
 ─────────
```

10
```
   9.9 6
 − 2.3 7
 ───────
```

11
```
   4.0 5 5
 − 3.8 3 4
 ─────────
```

12
```
   6.9 7 4
 − 5.8 8 6
 ─────────
```

13
```
   1 6.5
 −   9.8
 ───────
```

14
```
   1 4.0 8
 − 1 0.9 2
 ─────────
```

15
```
   3 1.0 8
 − 2 5.4 2
 ─────────
```

16 0.4－0.3

    0.7－0.2

17 8.5－7.6

    4.3－1.7

18 0.77－0.24

    0.53－0.09

19 2.23－1.01

    5.59－2.66

20 0.667－0.132

    0.048－0.029

21 2.099－1.842

    6.804－3.115

22 14.7－11.3

    26.3－12.8

23 10.05－8.04

    17.06－9.11

24 21.54－18.07

    37.42－7.12

25 14.518－8.228

    15.376－9.106

7 자릿수가 다른 소수의 뺄셈

여기가 확실한 것 같아.

엥? 여기 또 문제가 있어!

또?

자릿수가 다른 소수의 뺄셈인 것 같은데….

$0.56 - 0.4$

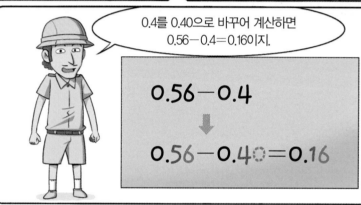

0.4를 0.40으로 바꾸어 계산하면 $0.56 - 0.4 = 0.160$이지.

$$0.56 - 0.4$$
$$\downarrow$$
$$0.56 - 0.40 = 0.16$$

설마 이번에도 안 열리는 건 아니겠지?

저길 봐~ 문이 열리고 있어.

드디어….

어서 들어가자!

여기 있는 상아는 모두 우리 것이야!

그런데 코끼리들은 이 좁은 길로 어떻게 들어왔지?

이 길은 사람만 갈 수 있고 코끼리들이 다니는 다른 길이 있다고 했어.

학습내용

▶ 소수 한 자리 수와 소수 두 자리 수의 뺄셈

▶ 소수 한 자리 수와 소수 세 자리 수의 뺄셈

▶ 소수 두 자리 수와 소수 세 자리 수의 뺄셈

▶ 자연수와 소수의 뺄셈

▶ ⬜ 안에 알맞은 수 구하기

▶ 길이의 차 구하기

01 소수 한 자리 수와 소수 두 자리 수의 뺄셈 (1)

✤ 0.48 − 0.3의 계산

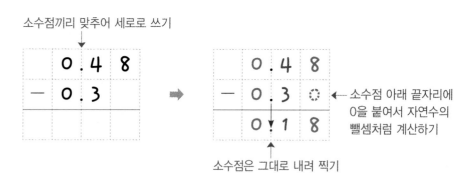

소수점끼리 맞추어 세로로 쓰기

	0	.	4	8
−			0	.	3

→

	0	.	4	8
−	0	.	3	0	← 소수점 아래 끝자리에 0을 붙여서 자연수의 뺄셈처럼 계산하기
	0	.	1	8

소수점은 그대로 내려 찍기

소수점끼리 맞추어 쓰지 않으면 계산할 수 없어요.

● 계산해 보세요.

1

	7	.	7	5
−	0	.	6	0	← 소수점 아래 끝자리에 0을 붙여서 계산해요.

2

	3	.	8	2
−	2	.	4

3

	9	.	0	1
−	3	.	5

4

	6	.	2	0
−	3	.	1	5

5

	4	.	2
−	0	.	0	6

6

	5	.	9
−	1	.	0	4

7

	1	8	.	1
−		5	.	7	9

8

	2	7	.	5	3
−	1	2	.	9

9

	1	4	.	9
−		6	.	8	4

● 분리수거한 쓰레기 양의 차를 구하세요.

10

전구: 7.5 kg
플라스틱: 3.04 kg

```
  7 . 5
- 3 . 0 4
          (kg)
```

11

종이: 9.53 kg
음식물: 1.3 kg

```
  9 . 5 3
- 1 . 3
          (kg)
```

12

전구: 7.5 kg
종이: 2.05 kg

(kg)

13

종이: 9.53 kg
건전지: 2.7 kg

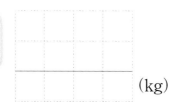

(kg)

14

폐가전: 8.7 kg
플라스틱: 5.04 kg

(kg)

15

금속: 7.8 kg
전구: 5.01 kg

(kg)

16

폐가전: 8.7 kg
유리: 4.88 kg

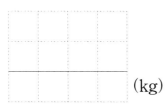

(kg)

17

금속: 7.8 kg
음식물: 3.35 kg

(kg)

02 소수 한 자리 수와 소수 두 자리 수의 뺄셈 (2)

✢ 0.48−0.3의 계산

$$0.48-0.3$$

⬇

$$0.48-0.3\underset{\uparrow}{0}=0.18$$

소수점 아래 끝자리에
0을 붙여서 소수 두 자리 수로
만든 다음 계산해요.

● 계산해 보세요.

1   0.95−0.3
    ↓
    0.95−0.30

2   1.4−1.25
    ↓
    1.40−1.25

3   0.73−0.6

4   7.7−2.34

5   5.46−3.1

6   1.9−0.84

7   9.64−4.7

8   6.6−5.92

9   20.34−12.6

10   11.3−6.85

날짜　　　월　　　일　　확인

● 사용하고 남은 띠 벽지의 길이를 구하세요.

11

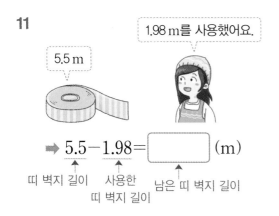

1.98 m를 사용했어요.

5.5 m

➡ 5.5 − 1.98 = ☐ (m)

띠 벽지 길이　사용한　남은 띠 벽지 길이
　　　　　　띠 벽지 길이

12

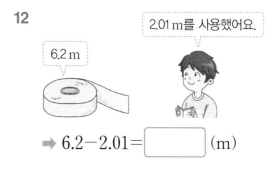

2.01 m를 사용했어요.

6.2 m

➡ 6.2 − 2.01 = ☐ (m)

13

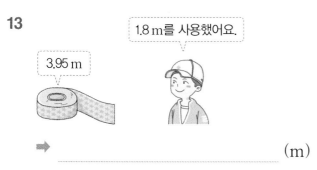

1.8 m를 사용했어요.

3.95 m

➡ ＿＿＿＿＿＿＿＿＿＿ (m)

14

1.9 m를 사용했어요.

2.45 m

➡ ＿＿＿＿＿＿＿＿＿＿ (m)

15

1.75 m를 사용했어요.

3.6 m

➡ ＿＿＿＿＿＿＿＿＿＿ (m)

16

1.95 m를 사용했어요.

2.3 m

➡ ＿＿＿＿＿＿＿＿＿＿ (m)

17

2.23 m를 사용했어요.

3.5 m

➡ ＿＿＿＿＿＿＿＿＿＿ (m)

18

2.55 m를 사용했어요.

4.3 m

➡ ＿＿＿＿＿＿＿＿＿＿ (m)

✚ 9.3−2.474의 계산

```
      8  12  9  10
      9.  3   0   0
   −  2.  4   7   4
      6!  8   2   6
```

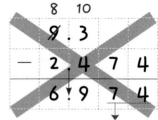

소수점 아래 끝자리에
0을 붙인 후 자연수의
뺄셈처럼 계산해요.

```
      8  10
      9.  3
   −  2.  4   7   4
      6!  9   7   4
```

계산하지 않고 그대로 내려쓰면 틀려요.

● 계산해 보세요.

1
```
   0.8 1 6
 − 0.3 0 0
```

2
```
   9.5 0 4
 − 0.2
```

3
```
   8.9 7 2
 − 7.9
```

4
```
   7.3 0 0
 − 0.4 0 5
```

5
```
   5.5
 − 2.4 2 3
```

6
```
   4.0 4 7
 − 1.9
```

7
```
    2 4.6
 − 1 3.7 9 6
```

8
```
    1 8.2
 −   5.7 4 6
```

9
```
    1 2.1
 −   3.0 1 4
```

● 계산해 보세요.

10

```
    9 . 3
-   8 . 0   5   7
```
뜨

11

```
    4 . 7
-   2 . 8   8   2
```
아

12

```
    8 . 6
-   1 . 1   7   6
```
복

13

```
    6 . 1
-   2 . 1   2   7
```
장

14

```
    2 . 8   9   4
-   1 . 7
```
숭

15

```
    4 . 0   6   3
-   2 . 4
```
거

16

```
    3 . 3   1   6
-   1 . 8
```
가

17

```
    5 . 6   3   7
-   3 . 8
```
운

 각각의 계산 결과에 해당하는 글자를 빈칸에 써넣고 수수께끼를 풀어 보세요.

수수께끼

1.516	3.973

1.243	1.663	1.837

7.424	1.194	1.818

04 소수 한 자리 수와 소수 세 자리 수의 뺄셈 (2)

✛ 9.3 − 2.474의 계산

$$9.3 - 2.474$$

⬇

$$9.300 - 2.474 = 6.826$$

소수점 아래 끝자리에 0을 붙여서
소수 세 자리 수로 만듭니다.

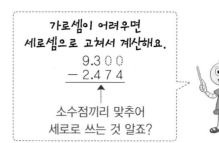

가로셈이 어려우면
세로셈으로 고쳐서 계산해요.

$$\begin{array}{r} 9.300 \\ -\ 2.474 \end{array}$$

소수점끼리 맞추어
세로로 쓰는 것 알죠?

● 계산해 보세요.

1 $1.923 - 0.8$
   $1.923 - 0.800$

2 $0.7 - 0.406$
   $0.700 - 0.406$

3 $2.753 - 2.6$

4 $5.3 - 3.219$

5 $9.327 - 5.4$

6 $4.8 - 1.047$

7 $6.852 - 3.9$

8 $1.1 - 0.103$

9 $13.004 - 11.2$

10 $26.3 - 15.271$

● 나무 높이와 그림자 길이의 차를 구하세요.

11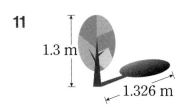
1.3 m
1.326 m

☐ m

12
1.3 m
1.196 m

☐ m

13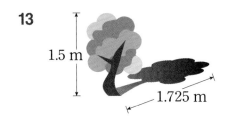
1.5 m
1.725 m

☐ m

14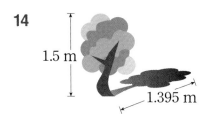
1.5 m
1.395 m

☐ m

15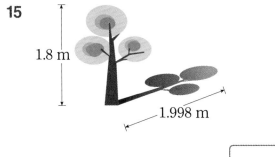
1.8 m
1.998 m

☐ m

16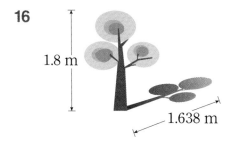
1.8 m
1.638 m

☐ m

17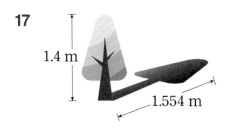
1.4 m
1.554 m

☐ m

18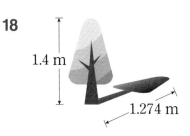
1.4 m
1.274 m

☐ m

05 소수 두 자리 수와 소수 세 자리 수의 뺄셈 (1)

✛ 9.04−8.515의 계산

● 계산해 보세요.

1

```
    0 . 8   5   3
−   0 . 7   2   0
```

2

```
    3 . 2   5   6
−   1 . 0   4
```

3

```
    1 . 0   8   4
−   0 . 0   3
```

4

```
    0 . 4   8   0
−   0 . 2   7   6
```

5

```
    9 . 9   5
−   2 . 7   9   3
```

6

```
    5 . 0   4
−   1 . 0   0   4
```

7

```
    1 2 . 4   3
−   1 0 . 1   6   2
```

8

```
    4 4 . 0   0   3
−     2 1 . 2   6
```

9

```
    3 7 . 6   2
−     5 . 5   4   3
```

날짜   월   일   확인

7. 자릿수가 다른 소수의 뺄셈

● 계산해 보세요.

10
```
  0 . 7  5  7
− 0 . 5  9
```
다

11
```
  0 . 6  0  3
− 0 . 1  2
```
리

12
```
  6 . 2  9
− 1 . 0  5  2
```
덟

13
```
  4 . 0  7
− 2 . 1  4  5
```
먹

14
```
  2 . 4  9  5
− 1 . 7  3
```
다

15
```
  1 . 6  3  8
− 1 . 1  4
```
바

16
```
  7 . 6  7
− 3 . 1  1  8
```
여

17
```
  3 . 6  6
− 0 . 7  8  4
```
물

계산 결과가 작은 것부터 차례대로 해당하는 글자를 빈칸에 써넣으세요. 무엇이 떠오르나요?

연상퀴즈

			,				,			,		

06 소수 두 자리 수와 소수 세 자리 수의 뺄셈 (2)

✛ 9.04−8.515의 계산

$$9.04-8.515$$

⬇

$$9.040-8.515=0.525$$

소수 두 자리 수의
소수점 아래 끝자리에 0을
붙여서 소수 세 자리 수라고
생각하고 계산해요!

● 계산해 보세요.

1 0.043−0.02
↓
0.043−0.020

2 1.06−1.058
↓
1.060−1.058

3 2.998−1.45

4 7.79−4.721

5 2.128−2.07

6 5.63−1.007

7 8.226−6.14

8 2.94−2.463

9 15.004−3.01

10 24.15−12.411

● 보기 와 같이 계산 결과가 맞으면 Yes에 ○표, 틀리면 No에 ○표 하세요. 또 틀린 식은 [ ] 안에 바른 답을 써 넣으세요.

보기

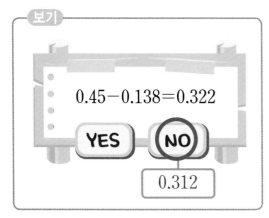

$0.45 - 0.138 = 0.322$

YES   (NO)

0.312

11

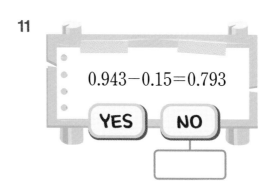

$0.943 - 0.15 = 0.793$

YES   NO

12

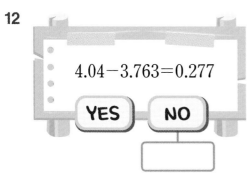

$4.04 - 3.763 = 0.277$

YES   NO

13

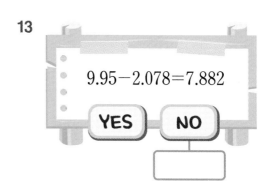

$9.95 - 2.078 = 7.882$

YES   NO

14

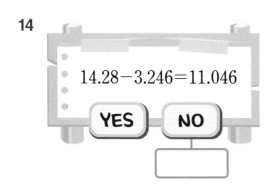

$14.28 - 3.246 = 11.046$

YES   NO

15

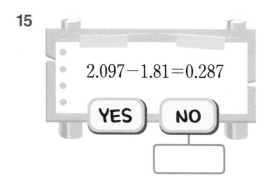

$2.097 - 1.81 = 0.287$

YES   NO

16

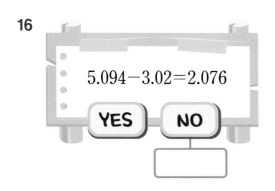

$5.094 - 3.02 = 2.076$

YES   NO

17

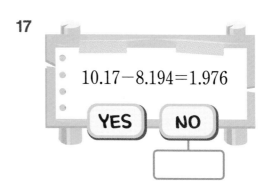

$10.17 - 8.194 = 1.976$

YES   NO

07 자연수와 소수의 뺄셈

✤ 6-0.25의 계산

$$
\begin{array}{r}
\overset{\scriptstyle 5\ \ \ 9\ \ \ 10}{\cancel{6}\,.\,0\ \ 0} \\
-\ \ 0\,.\,2\ \ 5 \\
\hline
5\,.\,7\ \ 5
\end{array}
$$

> 자연수에 소수점과
> 0을 2개 붙여
> 소수 두 자리 수로
> 만들어서 계산해요.

> 숫자 0만 있으면 자연수를
> 소수로 나타낼 수 있어요.
> ┌ 자연수 ──────▶ 6
> ├ 소수 한 자리 수 ─▶ 6.0
> └ 소수 두 자리 수 ─▶ 6.00

● 계산해 보세요.

1
$$
\begin{array}{r}
5\,.\,6 \\
-\ 2\,.\,0 \\
\hline
\end{array}
$$

2
$$
\begin{array}{r}
9\,.\,0 \\
-\ 3\,.\,6 \\
\hline
\end{array}
$$

3
$$
\begin{array}{r}
4\ \ \ \\
-\ 1\,.\,5 \\
\hline
\end{array}
$$

4
$$
\begin{array}{r}
7\,.\,5\ \ 4 \\
-\ 6\ \ \ \ \\
\hline
\end{array}
$$

5
$$
\begin{array}{r}
8\ \ \ \ \ \\
-\ 6\,.\,0\ \ 5 \\
\hline
\end{array}
$$

6
$$
\begin{array}{r}
7\ \ \ \ \ \\
-\ 2\,.\,5\ \ 3 \\
\hline
\end{array}
$$

7
$$
\begin{array}{r}
8\,.\,9\ \ 2\ \ 4 \\
-\ 6\ \ \ \ \ \ \ \\
\hline
\end{array}
$$

8
$$
\begin{array}{r}
2\ \ \ \ \ \ \ \\
-\ 0\,.\,1\ \ 0\ \ 4 \\
\hline
\end{array}
$$

9
$$
\begin{array}{r}
5\ \ \ \ \ \ \ \\
-\ 4\,.\,0\ \ 5\ \ 6 \\
\hline
\end{array}
$$

● 사용한 휴지의 길이를 구하세요.

10

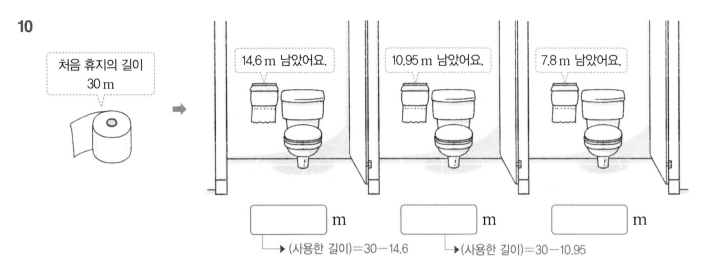

처음 휴지의 길이
30 m

14.6 m 남았어요.   10.95 m 남았어요.   7.8 m 남았어요.

[   ] m   [   ] m   [   ] m

→ (사용한 길이)＝30－14.6   → (사용한 길이)＝30－10.95

11

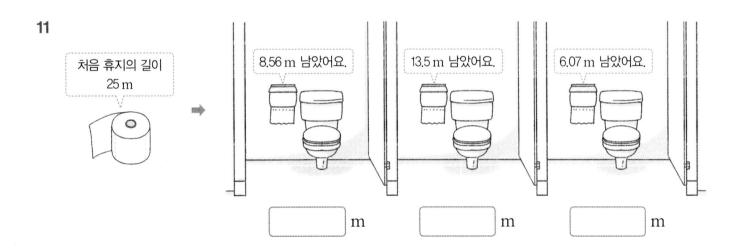

처음 휴지의 길이
25 m

8.56 m 남았어요.   13.5 m 남았어요.   6.07 m 남았어요.

[   ] m   [   ] m   [   ] m

12

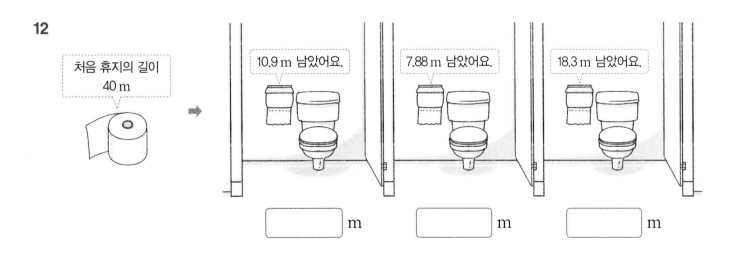

처음 휴지의 길이
40 m

10.9 m 남았어요.   7.88 m 남았어요.   18.3 m 남았어요.

[   ] m   [   ] m   [   ] m

08 □ 안에 알맞은 수 구하기

✚ 9.8−1.□4=8.5□의 식 완성하기

```
      9. 8              7  10 ←─ 받아내림해요!
                      9. 8̶  ○
  −  1. □  4    ➡    −  1.[2] 4
  ─────────          ─────────
      8. 5  □           8. 5 [6]
```
7−□=5, □=2 ─┘   └─ 10−4=□, □=6

● □ 안에 알맞은 수를 써넣으세요.

1
```
    1. 5   4
  − 1. □      ○ ←─ 0을 써넣고 계산해요.
  ─────────
    0. 3   □
```

2
```
    8. 5
  − 4. 7   □
  ─────────
    3. □   1
```

3
```
    4. 3   3  □
  − 2. □
  ─────────────
    2. 1   3   5
```

4
```
    9.9
  − 7.0  1   □
  ─────────────
    2.8  □   6
```

5
```
    □ .3   6   7
  − 5 .9   5
  ─────────────
    0 .4   □   7
```

6
```
    7. 3   9
  − 3. □   0   2
  ─────────────
    3. 8   8   □
```

● 보기 와 같이 ◻ 안에 알맞은 수를 써넣고 ◻ 안에 들어가지 않는 수에 ×표 하세요.

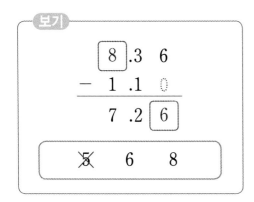

보기

```
    8 .3  6
 -  1 .1  0
    7 .2  6
```

```
   ⊠   6   8
```

7

```
    2. 8
 -  0. ◻  ◻
    2. 6  2
```

```
   1   7   8
```

8

```
    6 .◻  9
 -  2 .6
    ◻ .6  9
```

```
   2   3   4
```

9

```
    3 .1
 -  ◻ .9  3
    0 .1  ◻
```

```
   2   5   7
```

10

```
    ◻ .5  8  2
 -  1 .◻  8
    3 .2  0  2
```

```
   3   4   5
```

11

```
    8 .2  7
 -  ◻ .9  6  3
    6 .3  ◻  7
```

```
   0   1   3
```

12

```
    5.9
 -  0.8 ◻  6
    5.0  2  ◻
```

```
   2   4   7
```

13

```
    8 . 3  5  7
 -  4 . ◻
    ◻ . 4  5  7
```

```
   3   6   9
```

09 길이의 차 구하기

✛ 5.3 m−2.91 m의 계산

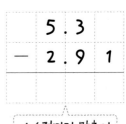

계산 결과에는 반드시
단위도 써야 해요!

소수점끼리 맞추어
세로로 쓰세요.

자연수처럼 계산하고
소수점을 찍어요.

● 계산해 보세요.

1
```
    8 . 2  0
－  1 . 3  9
```
(m)

2
```
    2 . 6
－  1 . 8  4
```
(m)

3
```
    6 . 7  6
－  1 . 8
```
(m)

4
```
    3 . 0  6
－  0 . 5
```
(m)

5
```
    9 . 2  6  1
－  8 . 1  7
```
(m)

6
```
    5 . 4
－  3 . 0  5  2
```
(m)

7
```
    4 . 0  2  6
－  1 . 5
```
(m)

8
```
    3 . 9  2
－  0 . 4  6  3
```
(m)

● 선물 포장에 사용한 리본 길이의 차를 구하세요.

9

60.5 cm   41.17 cm   [　　] cm

└ 60.5 − 41.17

10

71.8 cm   59.43 cm   [　　] cm

11

52.09 cm   39.5 cm   [　　] cm

12

57.25 cm   50.1 cm   [　　] cm

13

45.7 cm   20.18 cm   [　　] cm

14

38.9 cm   26.54 cm   [　　] cm

15

25.19 cm   16.5 cm   [　　] cm

16

40.27 cm   29.6 cm   [　　] cm

10 집중 연산 ①

● 계산을 하여 빈칸에 알맞은 수를 써넣으세요.

1

```
        1.93
       /      \
   -0.6      -0.016
    ↓           ↓
   1.33       [    ]
    ↑           ↑
  1.93-0.6   1.93-0.016
```

2

```
          19
        /     \
    -7.6     -13.54
     ↓          ↓
   [    ]     5.46
     ↑          ↑
  19-7.6    19-13.54
```

3

```
         4.6
       /      \
    -3        -1.83
    ↓           ↓
  [    ]      [    ]
```

4

```
         5.05
       /      \
  -3.104    -0.149
    ↓          ↓
  [    ]     [    ]
```

5

```
        11.76
       /      \
   -2.4       -3.8
    ↓          ↓
  [    ]     [    ]
```

6

```
        4.093
       /      \
   -3.1       -2.54
    ↓           ↓
  [    ]      [    ]
```

7

```
        6.65
       /      \
  -1.043     -2.4
    ↓          ↓
  [    ]     [    ]
```

8

```
          15
        /     \
   -7.09     -3.3
    ↓          ↓
  [    ]     [    ]
```

9

```
        7.124
       /      \
   -2.9       -0.14
    ↓           ↓
  [    ]      [    ]
```

10

```
         8.3
       /      \
  -2.05      -5.12
    ↓           ↓
  [    ]      [    ]
```

● 같은 줄에 있는 두 수의 차를 빈칸에 써넣으세요.

11

4.8	2.65	2.15
	1.9	└─ 4.8─2.65
		← 2.65─1.9

12

9.7	5.67	
	1.3	└─ 9.7─5.67
	4.37	← 5.67─1.3

13

19.46	15	
	8.46	

14

20	6.27	
	4	

15

6.6	4.034	
	2.5	

16

5.119	4.7	
	0.536	

17

8.16	5.109	
	3.52	

18

3.16	2.5	
	0.67	

19

18	7.64	
	5.9	

20

4.536	2.8	
	1.63	

집중 연산 ❷

● 계산해 보세요.

1
   4.8
− 1.6 9
_____

2
   7.9
− 3.2 1
_____

3
   8.0 3
− 3.4
_____

4
   9.6 3
− 7.1
_____

5
   4.0 6
− 2.4
_____

6
   6.9 2 6
− 1.9
_____

7
   8.3 4 5
− 5.8
_____

8
   5.8 6
− 4.1 9 5
_____

9
   2.2 9
− 0.1 8 4
_____

10
   7.4
− 6
_____

11
   2 0
−   3.5
_____

12
   1 2
−   9.1 5
_____

13
   1.6
− 0.5 4 4
_____

14
   5.3 6 6
  0.2 8
_____

15
   1 0
−   0.5 4 6
_____

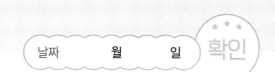
16 1.9−1.35

2.4−1.15

17 6.94−2.8

3.13−0.6

18 6.9−1.054

4.8−2.016

19 8.697−6.9

9.364−8.8

20 7.43−7.267

8.07−1.041

21 4.325−2.73

9.762−8.79

22 4.5−3

16.8−8

23 10−5.87

12−4.476

24 12.95−4.4

15.86−6.9

25 13.6−0.119

17.5−2.47

세 소수의 덧셈과 뺄셈

세 소수의 계산은
앞에서부터 차례대로 계산하면
9.5−4.31+0.7=5.89지.

$$9.5-4.31+0.7=5.89$$

5.19

5.89

01 세 소수의 덧셈

✛ 6.2＋4.14＋1.8의 계산

$$6.2＋4.14＋1.8＝12.14$$

10.34

12.14

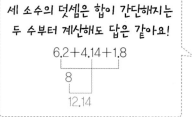
세 소수의 덧셈은 합이 간단해지는
두 수부터 계산해도 답은 같아요!

6.2＋4.14＋1.8

8

12.14

● 계산해 보세요.

1 3.4＋0.5＋2.9＝ ☐

2 4.15＋1.35＋1.6＝ ☐

3 1.19＋0.9＋8.01

4 22.6＋18.5＋1.5

5 0.53＋1.44＋1.47

6 40.4＋0.08＋1.32

7 5.7＋6.4＋1.35

8 7.27＋1.63＋5.1

날짜   월   일   확인

● 요일별 점심 식단의 열량의 합을 구하세요.

식품에 들어 있는 탄수화물, 지방, 단백질은 우리 몸속에서 에너지를 만들어요. 이 에너지를 열량이라 하며 kcal(킬로칼로리)라는 단위를 씁니다.

9 월요일	10 화요일
쌀밥 300.5 kcal	카레라이스 502.5 kcal
된장찌개 128.3 kcal	배추김치 33.4 kcal
시금치나물 79 kcal	장조림 100 kcal
➡ ☐ kcal	➡ ☐ kcal

└ 쌀밥, 된장찌개, 시금치나물의
   열량을 모두 더해요.

11 수요일	12 목요일	13 금요일
쌀밥 300.5 kcal	햄버거 260.6 kcal	삼계탕 630 kcal
콩나물국 15.14 kcal	감자튀김 450.2 kcal	도라지나물 110.8 kcal
감자조림 71.5 kcal	콜라 100 kcal	깍두기 21.2 kcal
➡ ☐ kcal	➡ ☐ kcal	➡ ☐ kcal

14 토요일	15 일요일
쌀밥 300.5 kcal	쌀밥 300.5 kcal
갈치구이 174.8 kcal	북어국 57.9 kcal
멸치볶음 220 kcal	갈비찜 480.4 kcal
➡ ☐ kcal	➡ ☐ kcal

☐ 요일 점심 식단의
열량이 가장 높았어요.

02 세 소수의 뺄셈

✤ 7.54−2.14−0.3의 계산

$$7.54-2.14-0.3=5.1$$

5.4

5.1

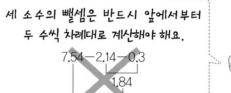

세 소수의 뺄셈은 반드시 앞에서부터 두 수씩 차례대로 계산해야 해요.

7.54−2.14−0.3

1.84

5.7

● 계산해 보세요.

1 5.4−1.9−0.6=

2 19.28−4.25−10.73=

3 29.8−6.2−13.5

4 12.2−7.05−1.05

5 7.93−0.53−3.6

6 20.01−10.5−8.01

7 18.7−7.33−6.5

8 34.5−4.21−1.58

● **보기** 와 같이 주사위 눈의 수만큼 화살표 방향으로 옮겨 가면서 나온 수를 차례대로 ⬜ 안에 써넣어 식을 완성하고 계산해 보세요.

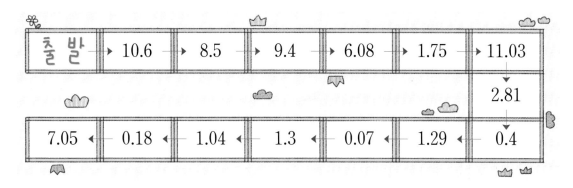

| 출발 | → | 10.6 | → | 8.5 | → | 9.4 | → | 6.08 | → | 1.75 | → | 11.03 |

| 2.81 |

| 7.05 | ← | 0.18 | ← | 1.04 | ← | 1.3 | ← | 0.07 | ← | 1.29 | ← | 0.4 |

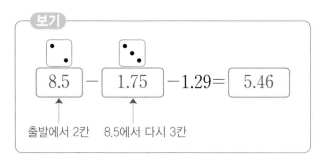

보기

$8.5 - 1.75 - 1.29 = 5.46$

출발에서 2칸   8.5에서 다시 3칸

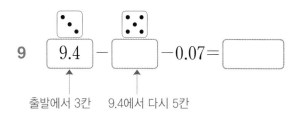

9 $9.4 - \boxed{} - 0.07 = \boxed{}$

출발에서 3칸   9.4에서 다시 5칸

10 $\boxed{} - \boxed{} - 2.4 = \boxed{}$

11 $\boxed{} - \boxed{} - 7.5 = \boxed{}$

12 $13.6 - \boxed{} - \boxed{} = \boxed{}$

13 $15.99 - \boxed{} - \boxed{} = \boxed{}$

14 $\boxed{} - \boxed{} - \boxed{} = \boxed{}$

15 $\boxed{} - \boxed{} - \boxed{} = \boxed{}$

03 세 소수의 덧셈과 뺄셈 (1)

✚ 1.53+6.4−0.83의 계산

$$1.53+6.4-0.83=7.1$$

7.93

7.1

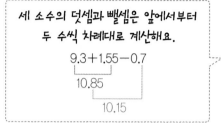

세 소수의 덧셈과 뺄셈은 앞에서부터
두 수씩 차례대로 계산해요.

9.3+1.55−0.7

10.85

10.15

● 계산해 보세요.

1 1.7+1.4−1.05=☐

2 6.5+2.75−3.2=☐

3 18.4+7.9−1.39

4 17.3+3.4−9.7

5 9.94+8.56−10.4

6 2.56+3.9−1.45

7 6.36+2.24−2.9

8 2.43+9.09−0.82

● 계산해 보세요.

9 $3.3+0.97-0.09=$ ⬜ 간

10 $5.42+2.6-1.03=$ ⬜ 지

11 $0.04+3.07-2.8=$ ⬜ 방

12 $1.8+6.5-5.09=$ ⬜ 색

13 $4.41+6.9-3.8=$ ⬜ 긴

14 $9.57+3.1-7.65=$ ⬜ 빨

15 $1.9+6.04-5.06=$ ⬜ 가

16 $6.76+1.2-0.49=$ ⬜ 바

혜정이는 버스 정류장에 친구를 마중 나갔어요. 계산 결과가 큰 것부터 차례대로 해당하는 글자를 빈칸에 써넣어 혜정이의 친구를 찾아 ○표 하세요.

			,					

04 세 소수의 덧셈과 뺄셈 (2)

✛ 9.7−5.23+0.5의 계산

$$9.7-5.23+0.5=4.97$$

4.47

4.97

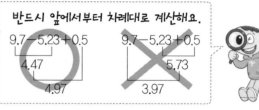

반드시 앞에서부터 차례대로 계산해요.

9.7−5.23+0.5
4.47
4.97

9.7−5.23+0.5
5.73
3.97

● 계산해 보세요.

1 4.45−3.24+1.5=

2 6.3−1.5+1.09=

3 8.05−0.7+1.4

4 2.36−1.8+0.99

5 3.14−2.6+1.53

6 9.4−4.91+2.4

7 5.14−3.9+2.26

8 8.22−5.04+0.6

● 계산해 보세요.

9 $1.4-1.03+0.56=$ ☐
에

10 $3.3-2.32+0.56=$ ☐
쓰

11 $7.66-5.08+3.6=$ ☐
못

12 $2.04-0.06+1.4=$ ☐
지

13 $2.36-1.9+0.04=$ ☐
중

14 $6.8-6.77+0.01=$ ☐
탈

15 $9.5-1.43+8.7=$ ☐
탈

16 $17.12-13.4+2.8=$ ☐
하

17 $16.04-4.19+0.09=$ ☐
는

18 $10.25-0.55+7.3=$ ☐
은

계산 결과가 작은 것부터 차례대로 해당하는 글자를
빈칸에 써넣고 수수께끼를 풀어 보세요.

수수께끼

									?

05 집중 연산 ❶

● 계산해 보세요.

1
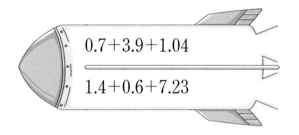
0.7+3.9+1.04

1.4+0.6+7.23

2
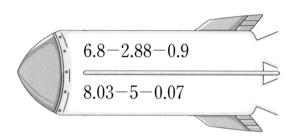
6.8−2.88−0.9

8.03−5−0.07

3
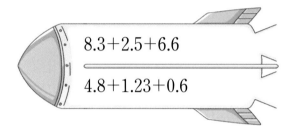
8.3+2.5+6.6

4.8+1.23+0.6

4
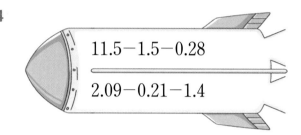
11.5−1.5−0.28

2.09−0.21−1.4

5
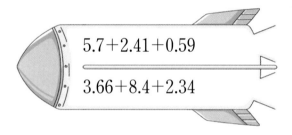
5.7+2.41+0.59

3.66+8.4+2.34

6
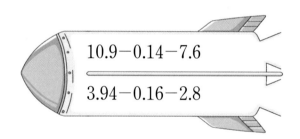
10.9−0.14−7.6

3.94−0.16−2.8

7
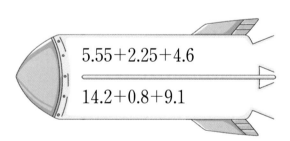
5.55+2.25+4.6

14.2+0.8+9.1

8
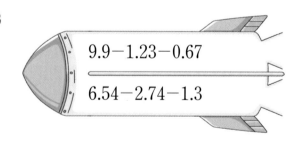
9.9−1.23−0.67

6.54−2.74−1.3

9
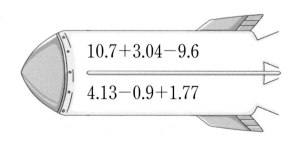
10.7+3.04−9.6

4.13−0.9+1.77

10
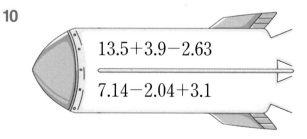
13.5+3.9−2.63

7.14−2.04+3.1

● ⬭ 안에 계산 결과를 써넣으세요.

11
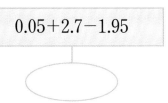
0.05+2.7−1.95

12
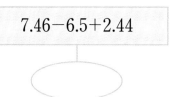
7.46−6.5+2.44

13
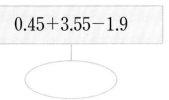
0.45+3.55−1.9

14
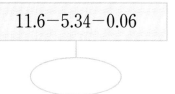
11.6−5.34−0.06

15
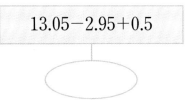
13.05−2.95+0.5

16
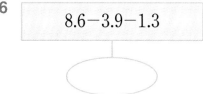
8.6−3.9−1.3

17
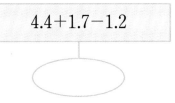
4.4+1.7−1.2

18
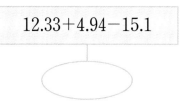
12.33+4.94−15.1

19
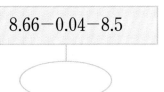
8.66−0.04−8.5

20
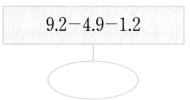
9.2−4.9−1.2

21
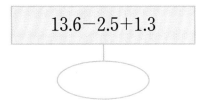
13.6−2.5+1.3

22
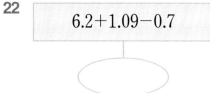
6.2+1.09−0.7

● 계산해 보세요.

1 $5.07+15.6+0.9$

2 $4.36+2.1+6.73$

3 $9.71-5.5-1.32$

4 $8.27-1.9-0.77$

5 $2.65+8.04-7.3$

6 $6.8+5.94-7.5$

7 $1.74+4.4-0.08$

8 $7.7+6.63-10.09$

9 $24.29-8.04+6.05$

10 $4.9-0.64+13.8$

11 $39.14+17.5+1.9$

12 $7.74-6.02-0.5$

13 $9.2-2.06+12.35$

14 $1.04+15.9-11.22$

15　$2.45+6.8-1.05$

16　$4.62+3.7-3.46$

17　$6.76-0.54-0.2$

18　$7.9-3.2-0.04$

19　$8.41-3.61+0.71$

20　$5.31-1.66+0.61$

21　$7.96+1.2-0.85$

22　$1.34+9.56-2.5$

23　$9.08-1.34-6.7$

24　$21.3-11.4+7.32$

25　$18.4+1.16-1.05$

26　$6.08-3.1-0.9$

27　$47.54-21.4+19.5$

28　$20.06-12.4-5.6$

☀ 신기한 소수 피라미드

$$1.2 \times 8 + 0.2 = 9.8$$
$$12.3 \times 8 + 0.3 = 98.7$$
$$123.4 \times 8 + 0.4 = 987.6$$
$$1234.5 \times 8 + 0.5 = 9876.5$$
$$12345.6 \times 8 + 0.6 = 98765.4$$
$$123456.7 \times 8 + 0.7 = 987654.3$$
$$1234567.8 \times 8 + 0.8 = 9876543.2$$
$$12345678.9 \times 8 + 0.9 = 98765432.1$$

계산 결과는
소수 한 자리 수이고,
9부터 1까지 차례대로
쓰는 규칙이 있어요.

$$1 \times 9 + 2 = 11$$
$$1.2 \times 9 + 0.3 = 11.1$$
$$1.23 \times 9 + 0.04 = 11.11$$
$$1.234 \times 9 + 0.005 = 11.111$$
$$1.2345 \times 9 + 0.0006 = 11.1111$$
$$1.23456 \times 9 + 0.00007 = 11.11111$$
$$1.234567 \times 9 + 0.000008 = 11.111111$$

계산 결과의
각 자리 숫자는 모두 1이고,
소수점 아래 자릿수가 하나씩
늘어나는 규칙이 있어요.

1   소수 피라미드에서 규칙을 찾아 ⬭ 안에 알맞은 수를 써넣으세요.

$$9.8 \times 9 + 0.6 = 88.8$$
$$98.7 \times 9 + 0.5 = 888.8$$
$$987.6 \times 9 + 0.4 = 8888.8$$
$$9876.5 \times 9 + 0.3 = \boxed{}$$
$$98765.4 \times 9 + 0.2 = \boxed{}$$
$$987654.3 \times 9 + 0.1 = \boxed{}$$

배움으로 행복한 내일을 꿈꾸는
천재교육 커뮤니티 안내

. . .

교재 안내부터 구매까지 한 번에!
천재교육 홈페이지

자사가 발행하는 참고서, 교과서에 대한 소개는 물론
도서 구매도 할 수 있습니다. 회원에게 지급되는 별을 모아
다양한 상품 응모에도 도전해 보세요!

다양한 교육 꿀팁에 깜짝 이벤트는 덤!
천재교육 인스타그램

천재교육의 새롭고 중요한 소식을 가장 먼저 접하고 싶다면?
천재교육 인스타그램 팔로우가 필수!
깜짝 이벤트도 수시로 진행되니 놓치지 마세요!

수업이 편리해지는
천재교육 ACA 사이트

오직 선생님만을 위한, 천재교육 모든 교재에 대한 정보가 담긴
아카 사이트에서는 다양한 수업자료 및 부가 자료는 물론
시험 출제에 필요한 문제도 다운로드하실 수 있습니다.

https://aca.chunjae.co.kr

천재교육을 사랑하는 샘들의 모임
천사샘

학원 강사, 공부방 선생님이시라면 누구나 가입할 수 있는 천사샘!
교재 개발 및 평가를 통해 교재 검토진으로 참여할 수 있는 기회는 물론
다양한 교사용 교재 증정 이벤트가 선생님을 기다립니다.

아이와 함께 성장하는 학부모들의 모임공간
튠맘 학습연구소

튠맘 학습연구소는 초·중등 학부모를 대상으로 다양한 이벤트와 함께
교재 리뷰 및 학습 정보를 제공하는 네이버 카페입니다.
초등학생, 중학생 자녀를 둔 학부모님이라면 튠맘 학습연구소로 오세요!

멀 좋아할지 몰라
다 준비했어♥
전과목 교재

전과목 시리즈 교재

●무등생 해법시리즈
- 국어/수학   1~6학년, 학기용
- 사회/과학   3~6학년, 학기용
- SET(전과목/국수, 국사과)   1~6학년, 학기용

●똑똑한 하루 시리즈
- 똑똑한 하루 독해   예비초~6학년, 총 14권
- 똑똑한 하루 글쓰기   예비초~6학년, 총 14권
- 똑똑한 하루 어휘   예비초~6학년, 총 14권
- 똑똑한 하루 한자   예비초~6학년, 총 14권
- 똑똑한 하루 수학   1~6학년, 총 12권
- 똑똑한 하루 계산   예비초~6학년, 총 14권
- 똑똑한 하루 도형   예비초~6학년, 총 8권
- 똑똑한 하루 사고력   1~6학년, 총 12권
- 똑똑한 하루 사회/과학   3~6학년, 학기용
- 똑똑한 하루 안전   1~2학년, 총 2권
- 똑똑한 하루 Voca   3~6학년, 학기용
- 똑똑한 하루 Reading   초3~초6, 학기용
- 똑똑한 하루 Grammar   초3~초6, 학기용
- 똑똑한 하루 Phonics   예비초~초등, 총 8권

●독해가 힘이다 시리즈
- 초등 수학도 독해가 힘이다   1~6학년, 학기용
- 초등 문해력 독해가 힘이다 문장제수학편   1~6학년, 총 12권
- 초등 문해력 독해가 힘이다 비문학편   3~6학년, 총 8권

영어 교재

●초등영어 교과서 시리즈
파닉스(1~4단계)   3~6학년, 학년용
영단어(1~4단계)   3~6학년, 학년용
●LOOK BOOK 영단어   3~6학년, 단행본
●원서 읽는 LOOK BOOK 영단어 3~6학년, 단행본

국가수준 시험 대비 교재

●해법 기초학력 진단평가 문제집   2~6학년·중1 신입생, 총 6권

똑똑한 하루

빅터 연산

정답 및 풀이

4·B
초등 4 수준

천재교육

정답 및 풀이
포인트 3가지

▶ 쉽게 찾을 수 있는 정답

▶ 알아보기 쉽게 정리된 정답

▶ 혼자서도 이해할 수 있는 친절한 문제 풀이

1 분수의 덧셈

01 진분수의 덧셈 8~9쪽

1. 3, 5
2. 7, 11, 2
3. $\dfrac{7}{11}$

4. $1\dfrac{3}{8}$
5. $1\dfrac{1}{3}$
6. $1\dfrac{5}{12}$

7. $1\dfrac{1}{6}$
8. $1\dfrac{4}{13}$
9. $1\dfrac{5}{14}$

10. $1\dfrac{11}{20}$
11. $\dfrac{5}{6}$
12. $1\dfrac{3}{8}$

13. $1\dfrac{1}{10}$
14. $1\dfrac{3}{14}$
15. $1\dfrac{1}{9}$

16. $1\dfrac{3}{7}$
17. $1\dfrac{4}{11}$
18. $1\dfrac{2}{13}$

연상퀴즈

여름, 검정 씨, 줄무늬 ; 수박

참고 계산 결과가 1보다 큰 경우에는 가분수와 대분수 모두 답으로 인정하지만 되도록 가분수를 대분수로 바꾸는 활동을 익히도록 합니다.

02 분수 부분끼리의 합이 진분수인 (대분수)+(진분수) 10~11쪽

1. 2, 3, 5
2. 27, 29, 7
3. $4\dfrac{5}{7}$

4. $6\dfrac{4}{5}$
5. $2\dfrac{7}{9}$
6. $3\dfrac{7}{8}$

7. $3\dfrac{17}{24}$
8. $5\dfrac{11}{13}$
9. $5\dfrac{15}{19}$

10. $2\dfrac{24}{35}$
11. $1\dfrac{3}{7}$
12. $2\dfrac{6}{7}$

13. $4\dfrac{4}{7}$
14. $3\dfrac{2}{9}$
15. $1\dfrac{5}{9}$

16. $3\dfrac{7}{9}$
17. $2\dfrac{7}{15}$
18. $4\dfrac{11}{15}$

19. $1\dfrac{14}{15}$
20. $2\dfrac{13}{15}$

APPLE JUICE ; 사과 주스

03 분수 부분끼리의 합이 진분수인 (진분수)+(대분수) 12~13쪽

1. 1, 2, $2\dfrac{3}{4}$
2. 10, 12, $1\dfrac{5}{7}$

3. $4\dfrac{5}{8}$
4. $5\dfrac{5}{6}$
5. $2\dfrac{4}{5}$

6. $3\dfrac{6}{7}$
7. $7\dfrac{7}{8}$
8. $6\dfrac{5}{7}$

9. $2\dfrac{8}{9}$
10. $5\dfrac{7}{9}$

11. $1\dfrac{6}{12}\left(=1\dfrac{1}{2}\right)$
12. $1\dfrac{5}{6}$

13. $\dfrac{5}{13}$, $1\dfrac{5}{13}$, $1\dfrac{10}{13}$
14. $\dfrac{7}{13}$, $1\dfrac{5}{13}$, $1\dfrac{12}{13}$

15. $\dfrac{1}{6}$, $1\dfrac{2}{6}$, $1\dfrac{3}{6}\left(=1\dfrac{1}{2}\right)$ 16. $\dfrac{8}{12}$, $1\dfrac{3}{12}$, $1\dfrac{11}{12}$

04 분수 부분끼리의 합이 진분수인 (대분수)+(대분수) 14~15쪽

1. 2, 1, $7\dfrac{3}{7}$
2. 44, 59, $4\dfrac{11}{12}$

3. $5\dfrac{7}{8}$
4. $5\dfrac{4}{9}$
5. $9\dfrac{4}{15}$

6. $11\dfrac{7}{12}$
7. $4\dfrac{7}{22}$
8. $9\dfrac{13}{34}$

9. $6\dfrac{21}{26}$
10. $5\dfrac{33}{35}$
11. $5\dfrac{4}{7}$

12. $6\dfrac{4}{7}$
13. $6\dfrac{5}{7}$
14. $7\dfrac{7}{9}$

15. $6\dfrac{7}{9}$
16. $12\dfrac{9}{14}$
17. $8\dfrac{13}{14}$

18. $8\dfrac{11}{14}$
19. $11\dfrac{17}{20}$
20. $12\dfrac{11}{20}$

; 영국

05 분수 부분끼리의 합이 가분수인 (대분수)+(진분수) | 16~17쪽

1. 5, 4, 9, 2, 2   2. 21, 29, 2   3. $4\frac{3}{8}$

4. $6\frac{3}{10}$ 5. $3\frac{1}{13}$ 6. $8\frac{1}{12}$

7. $5\frac{7}{15}$ 8. $9\frac{9}{25}$ 9. $7\frac{7}{32}$

10. $6\frac{5}{36}$ 11. $2\frac{2}{11}$ 12. $2\frac{1}{11}$

13. $3\frac{1}{11}$ 14. $2\frac{4}{11}$ 15. $2\frac{2}{11}$

16. $2\frac{6}{11}$ 17. $2\frac{4}{11}$ 18. $2\frac{3}{11}$

06 분수 부분끼리의 합이 가분수인 (진분수)+(대분수) | 18~19쪽

1. 4, 5, 9, $\boxed{1}\frac{\boxed{2}}{7}$, 2   2. 4, 23, 27, 2

3. $6\frac{3}{8}$ 4. $4\frac{4}{9}$ 5. $10\frac{3}{13}$

6. $13\frac{1}{6}$ 7. $2\frac{7}{30}$ 8. $7\frac{1}{14}$

9. $25\frac{3}{11}$ 10. $4\frac{4}{21}$ 11. $6\frac{2}{7}$

12. $5\frac{1}{13}$ 13. $6\frac{3}{17}$ 14. $5\frac{4}{31}$

15. $13\frac{2}{7}$ 16. $4\frac{3}{17}$ 17. $6\frac{10}{31}$

18. $10\frac{1}{29}$ 19. $10\frac{3}{13}$ 20. $17\frac{4}{17}$

21. $9\frac{12}{29}$

$6\frac{10}{31}$	$9\frac{9}{29}$	$6\frac{2}{7}$	$17\frac{4}{17}$	$5\frac{1}{13}$
$6\frac{3}{17}$	$10\frac{3}{7}$	$4\frac{3}{17}$	$5\frac{3}{17}$	$10\frac{1}{29}$
$5\frac{4}{31}$	$3\frac{4}{17}$	$5\frac{10}{31}$	$13\frac{4}{29}$	$13\frac{2}{7}$
$9\frac{12}{29}$	$10\frac{6}{31}$	$10\frac{4}{7}$	$6\frac{7}{13}$	$10\frac{3}{13}$

; 17

07 분수 부분끼리의 합이 가분수인 (대분수)+(대분수) | 20~21쪽

1. 7, 5, 1, 1   2. 29, 14, 43, 3   3. $8\frac{1}{12}$

4. $13\frac{2}{7}$ 5. $11\frac{3}{11}$ 6. $8\frac{1}{16}$

7. $14\frac{1}{9}$ 8. $9\frac{3}{19}$ 9. $9\frac{2}{39}$

10. $10\frac{7}{36}$ 11. $6\frac{1}{7}$ 12. $9\frac{3}{8}$

13. $7\frac{1}{6}$ 14. $10\frac{4}{9}$ 15. $14\frac{1}{11}$

16. $15\frac{3}{10}$ 17. $15\frac{4}{7}$ 18. $17\frac{2}{23}$

08 세 진분수의 덧셈 | 22~23쪽

1. 3, 1, 5   2. 5, 2, 11, $\boxed{1}\frac{\boxed{4}}{7}$

3. $\frac{7}{8}$ 4. $1\frac{5}{9}$

5. $1\frac{3}{10}$ 6. $1\frac{3}{8}$

7. $\frac{11}{12}$ 8. $1\frac{3}{13}$

9. $1\frac{2}{23}$ 10. $1\frac{4}{27}$

11. $\frac{7}{9}$; $\frac{7}{9}$ 12. $1\frac{1}{7}$; $1\frac{1}{7}$

13. $\frac{6}{7}+\frac{4}{7}+\frac{3}{7}=1\frac{6}{7}$; $1\frac{6}{7}$

14. $\frac{6}{7}+\frac{3}{7}+\frac{3}{7}=1\frac{5}{7}$; $1\frac{5}{7}$

15. $\frac{7}{9}+\frac{2}{9}+\frac{1}{9}=1\frac{1}{9}$; $1\frac{1}{9}$

16. $\frac{1}{9}+\frac{5}{9}+\frac{7}{9}=1\frac{4}{9}$; $1\frac{4}{9}$

09 대분수가 섞여 있는 세 분수의 덧셈 〉 24~25쪽

1. 5, $2\frac{5}{8}$ 2. 3, 4, $4\frac{4}{7}$ 3. $5\frac{3}{4}$

4. $4\frac{4}{9}$ 5. $3\frac{1}{10}$ 6. $7\frac{1}{5}$

7. $6\frac{9}{11}$ 8. $8\frac{5}{12}$ 9. $7\frac{8}{15}$

10. $8\frac{2}{19}$

11.

$1\frac{8}{11}$	╳	$4\frac{9}{11}$
$4\frac{9}{11}$		$1\frac{8}{11}$
$4\frac{3}{11}$	—	$4\frac{3}{11}$

12.

$6\frac{8}{13}$	—	$6\frac{8}{13}$
$6\frac{12}{13}$	╳	$5\frac{4}{13}$
$5\frac{4}{13}$		$6\frac{12}{13}$

 몽이 구야 콩이 모모 월리 코코

10 집중 연산 ❶ 〉 26~27쪽

1. $\frac{5}{6}$ 2. $2\frac{4}{7}$

3. $2\frac{8}{11}$ 4. $1\frac{5}{8}$

5. $3\frac{3}{20}$ 6. $2\frac{3}{7}$

7. (위부터) 2, $3\frac{5}{14}$ 8. (위부터) $3\frac{5}{16}$, $2\frac{1}{16}$

9. (위부터) $6\frac{1}{9}$, $1\frac{7}{9}$ 10. (위부터) $5\frac{11}{12}$, $8\frac{1}{12}$

11. $4\frac{1}{5}$, $1\frac{3}{5}$ 12. 5, $3\frac{1}{12}$

13. $1\frac{3}{4}$, 7 14. 3, $4\frac{5}{8}$

15. $2\frac{1}{15}$, $3\frac{2}{15}$ 16. $3\frac{16}{19}$, 5

17. $2\frac{7}{13}$, $4\frac{3}{13}$, 6 18. 2, $2\frac{8}{27}$, $4\frac{2}{27}$

11 집중 연산 ❷ 〉 28~29쪽

1. $\frac{2}{3}$ 2. $\frac{6}{7}$ 3. $1\frac{1}{4}$

4. $5\frac{2}{9}$ 5. 3 6. $1\frac{7}{8}$

7. $4\frac{9}{11}$ 8. $9\frac{7}{12}$ 9. $5\frac{4}{9}$

10. 12 11. 10 12. $10\frac{3}{13}$

13. $14\frac{1}{20}$ 14. $11\frac{4}{15}$ 15. $6\frac{7}{16}$

16. 6 17. $8\frac{5}{12}$ 18. $1\frac{3}{4}$

19. 1 20. $1\frac{6}{11}$ 21. $6\frac{6}{7}$

22. $12\frac{3}{8}$ 23. 7 24. $4\frac{7}{18}$

2 분수의 뺄셈

01 진분수의 뺄셈 〉 32~33쪽

1. $\frac{4}{9}$ 2. $\frac{5}{11}$ 3. $\frac{5}{24}$

4. $\frac{2}{13}$ 5. $\frac{4}{15}$ 6. $\frac{9}{17}$

7. $\frac{8}{19}$ 8. $\frac{9}{25}$ 9. $\frac{7}{18}$

10. $\frac{8}{21}$ 11. $\frac{3}{7}$ 12. $\frac{4}{7}$

13. $\frac{2}{7}$ 14. $\frac{4}{13}$ 15. $\frac{5}{13}$

16. $\frac{3}{13}$ 17. $\frac{12}{23}$ 18. $\frac{5}{23}$

$\frac{3}{7}$	$\frac{4}{7}$	$\frac{4}{13}$	$\frac{5}{23}$
$\frac{2}{7}$	$\frac{5}{7}$	$\frac{7}{13}$	$\frac{3}{13}$
$\frac{6}{13}$	$\frac{8}{23}$	$\frac{6}{23}$	$\frac{12}{23}$
$\frac{1}{7}$	$\frac{15}{23}$	$\frac{9}{13}$	$\frac{5}{13}$

; 7

02 (대분수)−(진분수) (1) 34~35쪽

1. 3, 1, $3\boxed{\dfrac{1}{6}}$

2. 8, 5, $8\boxed{\dfrac{5}{9}}$

3. 4

4. $5\dfrac{2}{7}$

5. $9\dfrac{5}{12}$

6. $1\dfrac{7}{15}$

7. 7

8. $2\dfrac{3}{10}$

9. $8\dfrac{13}{30}$

10. $5\dfrac{3}{25}$

11. $1\dfrac{4}{17}$, $1\dfrac{1}{13}$, $1\dfrac{1}{11}$, $1\dfrac{2}{19}$

12. $1\dfrac{1}{8}$, $1\dfrac{1}{11}$, $2\dfrac{1}{15}$, $1\dfrac{1}{9}$

04 1−(진분수) 38~39쪽

1. 5, 4

2. 6, 1

3. $\dfrac{3}{7}$

4. $\dfrac{2}{9}$

5. $\dfrac{3}{10}$

6. $\dfrac{8}{11}$

7. $\dfrac{8}{13}$

8. $\dfrac{7}{15}$

9. $\dfrac{11}{23}$

10. $\dfrac{7}{24}$

11. $\dfrac{5}{6}$; $\dfrac{5}{6}$

12. $1-\dfrac{1}{3}=\dfrac{2}{3}$; $\dfrac{2}{3}$

13. $1-\dfrac{3}{4}=\dfrac{1}{4}$; $\dfrac{1}{4}$

14. $1-\dfrac{3}{8}=\dfrac{5}{8}$; $\dfrac{5}{8}$

15. $1-\dfrac{2}{5}=\dfrac{3}{5}$; $\dfrac{3}{5}$

16. $1-\dfrac{5}{8}=\dfrac{3}{8}$; $\dfrac{3}{8}$

17. $1-\dfrac{1}{8}=\dfrac{7}{8}$; $\dfrac{7}{8}$

18. $1-\dfrac{4}{5}=\dfrac{1}{5}$; $\dfrac{1}{5}$

19. $1-\dfrac{4}{6}=\dfrac{2}{6}\left(=\dfrac{1}{3}\right)$; $\dfrac{2}{6}\left(=\dfrac{1}{3}\right)$

20. $1-\dfrac{2}{4}=\dfrac{2}{4}\left(=\dfrac{1}{2}\right)$; $\dfrac{2}{4}\left(=\dfrac{1}{2}\right)$

03 (대분수)−(대분수) (1) 36~37쪽

1. 3, 1, $3\dfrac{1}{3}$

2. 4, 2, $4\dfrac{2}{5}$

3. $\dfrac{2}{7}$

4. $1\dfrac{3}{8}$

5. $\dfrac{4}{11}$

6. $5\dfrac{7}{15}$

7. $6\dfrac{7}{15}$

8. 2

9. $2\dfrac{3}{20}$

10. $\dfrac{1}{19}$

11. $1\dfrac{2}{7}$

12. $1\dfrac{3}{10}$

13. $2\dfrac{1}{5}$

14. $2\dfrac{6}{11}$

15. $3\dfrac{9}{14}$

16. $2\dfrac{7}{27}$

민재

05 (자연수)−(진분수) 40~41쪽

1. 5, 2, $2\dfrac{3}{5}$

2. 4, 10, $1\dfrac{3}{7}$

3. $3\dfrac{1}{6}$

4. $4\dfrac{3}{10}$

5. $1\dfrac{9}{14}$

6. $5\dfrac{4}{9}$

7. $2\dfrac{7}{16}$

8. $6\dfrac{5}{7}$

9. $1\dfrac{14}{27}$

10. $3\dfrac{7}{15}$

11. $1\dfrac{4}{7}$

12. $2\dfrac{1}{8}$

13. $2\dfrac{4}{9}$

14. $3\dfrac{5}{6}$

15. $4\dfrac{1}{10}$

16. $1\dfrac{5}{11}$

17. $5\dfrac{4}{13}$

18. $4\dfrac{5}{12}$

19. $3\dfrac{2}{13}$

20. $6\dfrac{7}{16}$

06 (자연수)−(대분수)　42~43쪽

1. 5, 5, 1

2. 7, 7, $\boxed{2}\dfrac{\boxed{6}}{7}$

3. $2\dfrac{3}{8}$

4. $3\dfrac{7}{9}$

5. $\dfrac{2}{7}$

6. $1\dfrac{1}{12}$

7. $\dfrac{9}{26}$

8. $1\dfrac{9}{14}$

9. $2\dfrac{2}{11}$

10. $\dfrac{3}{13}$

11.

15마리

07 (대분수)−(진분수) ⑵　44~45쪽

1. 8, $2\dfrac{4}{5}$

2. 9, $1\dfrac{4}{7}$

3. $3\dfrac{5}{8}$

4. $\dfrac{7}{9}$

5. $4\dfrac{9}{11}$

6. $5\dfrac{10}{13}$

7. $3\dfrac{5}{12}$

8. $9\dfrac{10}{11}$

9. $3\dfrac{13}{20}$

10. $6\dfrac{16}{21}$

11. $4\dfrac{7}{8}$

12. $2\dfrac{5}{7}$

13. $7\dfrac{7}{9}$

14. $1\dfrac{10}{11}$

15. $9\dfrac{11}{14}$

16. $8\dfrac{11}{13}$

08 (대분수)−(대분수) ⑵　46~47쪽

1. 9, $1\dfrac{4}{7}$

2. 34, 11, $1\dfrac{3}{8}$

3. $2\dfrac{7}{9}$

4. $4\dfrac{3}{5}$

5. $7\dfrac{2}{3}$

6. $2\dfrac{7}{10}$

7. $3\dfrac{6}{7}$

8. $4\dfrac{7}{8}$

9. $7\dfrac{7}{9}$

10. $6\dfrac{10}{13}$

11. $2\dfrac{5}{6}$

12. $2\dfrac{8}{11}$

13. $3\dfrac{5}{6}$

14. $1\dfrac{7}{12}$

15. $2\dfrac{5}{8}$

16. $5\dfrac{5}{12}$

17. $5\dfrac{5}{8}$

18. $1\dfrac{8}{11}$

19. $5\dfrac{7}{8}$

20. $4\dfrac{7}{8}$

수수께끼

많이 맞을수록 좋은 것은 ; 시험문제

09 세 분수의 뺄셈　48~49쪽

1. $1\dfrac{5}{6}$

2. $2\dfrac{4}{5}$

3. 3

4. $\dfrac{7}{8}$

5. $4\dfrac{1}{9}$

6. $4\dfrac{1}{7}$

7. $3\dfrac{1}{5}$

8. $2\dfrac{10}{11}$

9. $5\dfrac{4}{9}$

10. $\dfrac{10}{11}$

11. $\dfrac{10}{11}$; $\dfrac{10}{11}$

12. 1 ; 1

13. $4\dfrac{2}{11}-\dfrac{8}{11}-2\dfrac{7}{11}=\dfrac{9}{11}$; $\dfrac{9}{11}$

14. $3\dfrac{9}{11}-\dfrac{10}{11}-1\dfrac{9}{11}=1\dfrac{1}{11}$; $1\dfrac{1}{11}$

15. $7\dfrac{5}{11}-2\dfrac{1}{11}-3\dfrac{5}{11}=1\dfrac{10}{11}$; $1\dfrac{10}{11}$

16. $9\dfrac{3}{11}-3\dfrac{5}{11}-2\dfrac{7}{11}=3\dfrac{2}{11}$; $3\dfrac{2}{11}$

10 세 분수의 덧셈, 뺄셈   50~51쪽

1. $2\dfrac{1}{6}$ 2. $3\dfrac{3}{5}$

3. $1\dfrac{7}{8}$ 4. $2\dfrac{3}{7}$

5. $4\dfrac{10}{11}$ 6. $8\dfrac{7}{10}$

7. $3\dfrac{6}{13}$ 8. $11\dfrac{8}{11}$

9. $2\dfrac{11}{12}$ 10. $8\dfrac{1}{13}$

11.

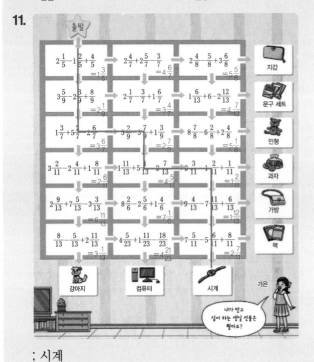

; 시계

11 집중 연산 ❶   52~53쪽

1. $\dfrac{2}{9}$ 2. $1\dfrac{13}{16}$

3. $5\dfrac{5}{18}$ 4. $2\dfrac{19}{25}$

5. $5\dfrac{2}{9}$, $3\dfrac{4}{9}$ 6. $6\dfrac{5}{7}$, $2\dfrac{3}{7}$

7. $8\dfrac{2}{7}$, $2\dfrac{3}{7}$ 8. $4\dfrac{7}{8}$, $1\dfrac{3}{8}$

9. $7\dfrac{3}{8}$, $6\dfrac{5}{8}$ 10. $6\dfrac{2}{9}$, $3\dfrac{7}{9}$

11. $1\dfrac{4}{13}$, $1\dfrac{1}{13}$ 12. $\dfrac{5}{7}$, $\dfrac{3}{7}$

13. (위부터) $5\dfrac{3}{8}$, $3\dfrac{1}{8}$, $3\dfrac{7}{8}$, 2

14. (위부터) $6\dfrac{1}{9}$, $6\dfrac{7}{9}$, $3\dfrac{8}{9}$, $2\dfrac{5}{9}$

15. (위부터) $7\dfrac{1}{11}$, $7\dfrac{7}{11}$, $8\dfrac{9}{11}$, $1\dfrac{6}{11}$

16. (위부터) $1\dfrac{3}{20}$, $3\dfrac{3}{20}$, $4\dfrac{13}{20}$, $3\dfrac{17}{20}$

12 집중 연산 ❷   54~55쪽

1. $\dfrac{5}{8}$ 2. $\dfrac{2}{7}$

3. $6\dfrac{1}{8}$ 4. $5\dfrac{3}{11}$

5. $2\dfrac{2}{9}$ 6. $5\dfrac{5}{12}$

7. $1\dfrac{2}{13}$ 8. $\dfrac{3}{8}$

9. $\dfrac{5}{11}$ 10. $2\dfrac{5}{9}$

11. $7\dfrac{2}{15}$ 12. $2\dfrac{3}{4}$

13. $9\dfrac{7}{9}$ 14. $2\dfrac{4}{7}$

15. $1\dfrac{5}{9}$ 16. $5\dfrac{9}{10}$

17. $\dfrac{14}{17}$ 18. $1\dfrac{13}{15}$

19. $2\dfrac{13}{20}$ 20. $2\dfrac{7}{16}$

21. $5\dfrac{5}{6}$ 22. 8

23. $1\dfrac{8}{9}$ 24. $9\dfrac{2}{5}$

3 소수

01 소수 두 자리 수 알아보기　58~59쪽

1. 0.03 ; 영 점 영삼
2. 0.48 ; 영 점 사팔
3. 1.07 ; 일 점 영칠
4. 5.78 ; 오 점 칠팔
5. 0.64 ; 영 점 육사
6. 4.03 ; 사 점 영삼
7. 0.15 ; 영 점 일오
8. 라
9. 가
10. 바
11. 다
12. 나
13. 사
14. 차
15. 마

02 소수 세 자리 수 알아보기　60~61쪽

1. 0.443 ; 영 점 사사삼
2. 0.209 ; 영 점 이영구
3. 1.488 ; 일 점 사팔팔
4. 0.815 ; 영 점 팔일오
5. 5.416 ; 오 점 사일육
6. 3.006 ; 삼 점 영영육
7. 0.182 ; 영 점 일팔이
8. (1) 302　(2) 3　(3) 영 점 삼영이
　(4) 셋째　(5) 0.3
9. (1) 9418　(2) 8　(3) 구 점 사일팔
　(4) 1　(5) 0.4
10. (1) 1627　(2) 0.02　(3) 1627
　(4) 첫째　(5) 1

03 두 소수의 크기 비교　62~63쪽

1. >, >
2. <, <
3. <, <
4. <, >
5. >, <
6. <, >
7. >, <
8. >, <
9. 9.531에 ○표
10. 16.04에 ○표
11. 4.59에 ○표
12. 7.009에 ○표

13. 1.487에 ○표
14. 0.394에 ○표
15. 2.021에 ○표
16. 8.32에 ○표
17. 95.23에 ○표
18. 5.865에 ○표

수수께끼

물러나야지 이기는 것은 ; 줄다리기

04 여러 소수의 크기 비교　64~65쪽

1. 3.205에 ○표
2. 0.134에 ○표
3. 7.086에 ○표
4. 5.349에 ○표
5. 1.446에 △표
6. 3.142에 △표
7. 8.16에 △표
8. 2.74에 △표
9. 1.93에 ○표
10. 0.75에 ○표
11. 9.008에 ○표
12. 4.693에 ○표
13. 1.172에 ○표
14. 5.802에 ○표
15. 7.31에 ○표
16. 2.248에 ○표

다이아몬드 브릿지

05 소수 사이의 관계 (1)　66~67쪽

1. 7.06, 706
2. 45.8, 458
3. 61.93, 619.3
4. 2.43, 243
5. 483.3, 4833
6. 19.54, 195.4, 1954
7. 3.97, 39.7, 397
8. 28.66, 286.6, 2866
9. 70.52, 705.2, 7052
10. 610.5, 6105
11. 51.4, 5140

06 소수 사이의 관계 (2)　68~69쪽

1. 9.06, 0.906
2. 4.7, 0.047
3. 34.2, 3.42, 0.342
4. 476.3, 4.763
5. 1.16, 0.116
6. 1.28, 0.128
7. 13.5, 1.35, 0.135
8. 11.5, 1.15, 0.115
9. 12, 1.2, 0.12
10. 1.4, 0.14
11. 3.7, 0.037

07 집중 연산 ❶ 70~71쪽

1. 7.079에 ○표
2. 3.059에 ○표
3. 9.24에 ○표
4. 0.106에 ○표
5. 1.035에 ○표
6. 35.82, 358.2, 3582
7. 47.7, 4.77, 0.477
8. 104, 1040
9. 0.9, 0.009

10. ⬭8.026 ✗8.5 ⬭8.015
11. ⬭1.542 ✗1.497 ⬭1.14
12. ⬭0.049 ◯0.069 ⬭0.003
13. ⬭5.017 ✗5.79 ⬭5.07
14. ✗3.054 ◯3.64 ◯3.6

08 집중 연산 ❷ 72~73쪽

1. 0.04	2. 0.05
3. 0.789	4. 6.504
5. 0.3	6. 6.85
7. 0.015	8. 0.92
9. 4.003	10. 0.6
11. 0.2	12. 0.007
13. 8.04	14. 1.51
15. 0.33	16. 0.009
17. 4.19	18. 15.9
19. 0.48	20. 0.09
21. 3.1	22. 705
23. 0.161	24. <, >
25. >, >	26. <, <
27. <, <	28. <, >
29. <, >	30. <, >
31. >, >	

4 자릿수가 같은 소수의 덧셈

01 1보다 작은 소수 한 자리 수의 덧셈 76~77쪽

1.
```
  0.8
+ 0.1
  0.9
```
2.
```
  0.2
+ 0.6
  0.8
```
3.
```
  0.3
+ 0.4
  0.7
```
4.
```
  0.2
+ 0.4
  0.6
```
5.
```
  0.8
+ 0.8
  1.6
```
6.
```
  0.9
+ 0.3
  1.2
```
7.
```
  0.6
+ 0.5
  1.1
```
8.
```
  0.2
+ 0.9
  1.1
```
9.
```
  0.5
+ 0.7
  1.2
```

10. 0.5
11. 0.8
12. 0.4+0.4=0.8
13. 0.5+0.2=0.7
14. 0.6+0.4=1
15. 0.1+0.8=0.9
16. 0.8+0.7=1.5
17. 0.5+0.9=1.4

02 1보다 큰 소수 한 자리 수의 덧셈 78~79쪽

1.
```
  1.4
+ 1.2
  2.6
```
2.
```
  2.6
+ 3.2
  5.8
```
3.
```
  5.4
+ 1.3
  6.7
```
4.
```
  2.8
+ 6.7
  9.5
```
5.
```
  6.4
+ 7.3
 13.7
```
6.
```
  4.4
+ 5.9
 10.3
```
7.
```
  19.2
+  4.6
  23.8
```
8.
```
  21.9
+  8.2
  30.1
```
9.
```
  14.3
+  2.7
  17.0
```

10. 3.9 ; 3.9
11. 3.2 ; 3.2
12. 1.5+2.2=3.7 ; 3.7
13. 4.1+1.7=5.8 ; 5.8
14. 2.2+2.1=4.3 ; 4.3
15. 1.5+2.3=3.8 ; 3.8

03 1보다 작은 소수 두 자리 수의 덧셈 　80~81쪽

1.
```
    0 . 0 4
 +  0 . 0 5
    0 . 0 9
```

2.
```
    0 . 3 3
 +  0 . 2 1
    0 . 5 4
```

3.
```
    0 . 4 5
 +  0 . 9 2
    1 . 3 7
```

4.
```
    0 . 9 1
 +  0 . 6 5
    1 . 5 6
```

5.
```
    0 . 1 3
 +  0 . 0 8
    0 . 2 1
```

6.
```
    0 . 4 4
 +  0 . 8 7
    1 . 3 1
```

7.
```
    0 . 0 7
 +  0 . 1 8
    0 . 2 5
```

8.
```
    0 . 2 7
 +  0 . 7 7
    1 . 0 4
```

9.
```
    0 . 5 3
 +  0 . 8 9
    1 . 4 2
```

10. 0.66
11. 1.11
12. 0.15+0.36=0.51
13. 0.58+0.33=0.91
14. 0.45+0.39=0.84
15. 0.66+0.28=0.94
16. 0.84+0.11=0.95
17. 0.95+0.07=1.02

04 1보다 큰 소수 두 자리 수의 덧셈 　82~83쪽

1.
```
    2 . 0 3
 +  3 . 7 5
    5 . 7 8
```

2.
```
    1 . 2 4
 +  5 . 0 4
    6 . 2 8
```

3.
```
    7 . 1 1
 +  2 . 4 6
    9 . 5 7
```

4.
```
    3 . 7 4
 +  3 . 1 8
    6 . 9 2
```

5.
```
    9 . 0 6
 +  2 . 1 7
  1 1 . 2 3
```

6.
```
    4 . 8 4
 +  5 . 7 3
  1 0 . 5 7
```

7.
```
    2 0 . 0 4
 +     6 . 5 8
    2 6 . 6 2
```

8.
```
    1 3 . 9 8
 +     8 . 5 5
    2 2 . 5 3
```

9.
```
    1 8 . 6 6
 +     2 . 4 5
    2 1 . 1 1
```

10. 259.6
11. 258.02
12. 166.65
13. 243.34
14. 186.48
15. 191.81
16. 179.33
17. 189.04

피터, 박연소

05 1보다 작은 소수 세 자리 수의 덧셈 　84~85쪽

1.
```
    0 . 6 3 1
 +  0 . 0 5 4
    0 . 6 8 5
```

2.
```
    0 . 1 7 6
 +  0 . 4 7 2
    0 . 6 4 8
```

3.
```
    0 . 0 5 3
 +  0 . 2 7 5
    0 . 3 2 8
```

4.
```
    0 . 3 6 4
 +  0 . 0 9 6
    0 . 4 6 0̸
```

5.
```
    0 . 0 1 9
 +  0 . 6 8 8
    0 . 7 0 7
```

6.
```
    0 . 2 9 4
 +  0 . 0 0 6
    0 . 3 0̸ 0̸
```

7.
```
    0 . 7 9 6
 +  0 . 8 0 8
    1 . 6 0 4
```

8.
```
    0 . 7 7 4
 +  0 . 1 9 1
    0 . 9 6 5
```

9.
```
    0 . 6 7 5
 +  0 . 1 4 6
    0 . 8 2 1
```

10. 0.081
11. 0.133
12. 0.028+0.725=0.753
13. 0.006+0.008=0.014
14. 0.023+0.009=0.032
15. 0.017+0.131=0.148
16. 0.025+0.017=0.042

06 1보다 큰 소수 세 자리 수의 덧셈 86~87쪽

1.
```
   2 . 3   6   4
 + 1 . 1   2   5
   3 . 4   8   9
```

2.
```
     9 . 0   0   5
   + 1 . 6   6   8
   1 0 . 6   7   3
```

3.
```
   7 . 1   1   6
 + 8 . 3   0   5
 1 5 . 4   2   1
```

4.
```
   5 . 6   6   4
 + 7 . 0   1   5
 1 2 . 6   7   9
```

5.
```
   8 . 0   2   7
 + 5 . 3   7   9
 1 3 . 4   0   6
```

6.
```
   4 . 8   0   4
 + 3 . 0   0   7
   7 . 8   1   1
```

7.
```
   3 . 6   1   3
 + 2 . 4   0   9
   6 . 0   2   2
```

8.
```
   1 . 6   7   5
 + 1 . 5   1   8
   3 . 1   9   3
```

9.
```
   1 . 8   9   4
 + 6 . 0   0   7
   7 . 9   0   1
```

10. 6.189   11. 5.211   12. 2.667
13. 7.119   14. 2.266   15. 7.003
16. 2.288   17. 7.301   18. 7.606

수수께끼

불이 켜지지 않는 초는 ; 식초

07 □ 안에 알맞은 수 구하기 88~89쪽

1. 1.7, 3.5   2. 7.6, 6.9
3. 2.3, 5.2   4. 1.07, 4.19
5. 2.17, 6.16   6. 11.61, 7.93
7. 1.664, 3.267   8. 8.696, 3.048
9. 5.3   10. 1.01
11. 0.12   12. 0.64
13. 0.021   14. 0.196
15. 0.022

9. $\square-1.9=3.4 \Rightarrow 1.9+3.4=\square$, $\square=5.3$
10. $\square-0.26=0.75 \Rightarrow 0.26+0.75=\square$, $\square=1.01$
11. $\square-0.07=0.05 \Rightarrow 0.07+0.05=\square$, $\square=0.12$
12. $\square-0.39=0.25 \Rightarrow 0.39+0.25=\square$, $\square=0.64$
13. $\square-0.012=0.009$
$\Rightarrow 0.012+0.009=\square$, $\square=0.021$
14. $\square-0.003=0.193$
$\Rightarrow 0.003+0.193=\square$, $\square=0.196$
15. $\square-0.018=0.004$
$\Rightarrow 0.018+0.004=\square$, $\square=0.022$

08 집중 연산 ❶ 90~91쪽

1. 0.8, 1   2. 0.59, 1.31
3. 0.12, 0.531   4. 4.5, 9.1
5. 3.36, 16   6. 5.44, 5.429
7. 26.2, 24   8. 18.44, 27.22
9. 4.3, 0.82   10. 27.4, 1.849
11. 2.5, 6.1   12. 24.1, 20.6
13. 1.77, 3.68   14. 4.2, 18.9
15. 3.789, 6.107   16. 8.177, 12.1
17. 1.3, 2.6, 43.9 18. 7.9, 42.4, 51.1
19. 6.55, 19.56, 22.09

09 집중 연산 ❷ 92~93쪽

1. 1.2   2. 15.1   3. 16.4
4. 1.75   5. 15.19   6. 11.39
7. 16   8. 18.73   9. 16.09
10. 0.924   11. 0.485   12. 4.273
13. 12.715   14. 21.303   15. 14.426
16. 1.6, 6.8   17. 1.3, 13.3   18. 0.6, 15.24
19. 0.58, 5.35   20. 0.572, 9.871
21. 0.718, 15.366   22. 19.2, 16.7
23. 20.79, 25.16   24. 14.611, 5.014
25. 14.051, 4.277   26. 28.9, 15.6
27. 55.18, 21.132

5 자릿수가 다른 소수의 덧셈

01 자연수와 소수의 덧셈　96~97쪽

1.
```
   5.0
 + 6.7
  11.7
```

2.
```
   8.0
 + 8.2
  16.2
```

3.
```
   1.9
 + 2.0
   3.9
```

4.
```
   7.00
 + 0.11
   7.11
```

5.
```
   4.00
 + 2.53
   6.53
```

6.
```
   5.07
 + 3.00
   8.07
```

7.
```
   9.000
 + 0.283
   9.283
```

8.
```
   2.000
 + 1.359
   3.359
```

9.
```
   6.304
 + 8.000
  14.304
```

10. 16.25 ; 16.25

11. 7.5 ; 7.5

12. 15+7.5=22.5 ; 22.5

13. 5+1.25=6.25 ; 6.25

14. 15+2.5=17.5 ; 17.5

15. 5+7.5=12.5 ; 12.5

02 소수 한 자리 수와 소수 두 자리 수의 덧셈 (1)　98~99쪽

1.
```
   0.32
 + 0.20
   0.52
```

2.
```
   0.80
 + 0.14
   0.94
```

3.
```
   0.12
 + 0.70
   0.82
```

4.
```
   1.53
 + 3.90
   5.43
```

5.
```
   2.84
 + 6.60
   9.44
```

6.
```
   5.76
 + 1.50
   7.26
```

7.
```
   7.50
 + 8.64
  16.14
```

8.
```
   6.25
 + 5.90
  12.15
```

9.
```
   3.2
 + 9.85
  13.05
```

10.
```
   0.15
 + 2.50
   2.65 (mg)
```

11.
```
   2.50
 + 0.25
   2.75 (mg)
```

12.
```
   0.25
 + 1.50
   1.75 (mg)
```

13.
```
   1.50
 + 0.45
   1.95 (mg)
```

14.
```
   1.25
 + 2.50
   3.75 (mg)
```

15.
```
   1.50
 + 0.15
   1.65 (mg)
```

16.
```
   0.45
 + 2.50
   2.95 (mg)
```

17.
```
   0.50
 + 0.25
   0.75 (mg)
```

03 소수 한 자리 수와 소수 두 자리 수의 덧셈⑵ **100~101**쪽

1. 0.52
2. 0.68
3. 0.56
4. 0.96
5. 6.56
6. 8.12
7. 11.69
8. 9.06
9. 16.83
10. 6.28
11. 1.54
12. 4.15
13. 2.52
14. 9.44
15. 6.89
16. 8.99
17. 7.85
18. 9.05
19. 8.94

수수께끼

날마다 닦는 알파벳은 ; E

04 소수 한 자리 수와 소수 세 자리 수의 덧셈⑴ **102~103**쪽

1.

$$
\begin{array}{r}
0.5\ 0\ 0 \\
+\ 0.4\ 3\ 5 \\
\hline
0.9\ 3\ 5
\end{array}
$$

2.
$$
\begin{array}{r}
1.9\ 0\ 0 \\
+\ 1.0\ 0\ 7 \\
\hline
2.9\ 0\ 7
\end{array}
$$

3.
$$
\begin{array}{r}
0.8\ 0\ 0 \\
+\ 2.4\ 1\ 3 \\
\hline
3.2\ 1\ 3
\end{array}
$$

4.
$$
\begin{array}{r}
2.1\ 8\ 7 \\
+\ 6.5\ 0\ 0 \\
\hline
8.6\ 8\ 7
\end{array}
$$

5.
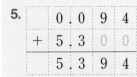
$$
\begin{array}{r}
0.0\ 9\ 4 \\
+\ 5.3\ 0\ 0 \\
\hline
5.3\ 9\ 4
\end{array}
$$

6.
$$
\begin{array}{r}
1.3\ 4\ 8 \\
+\ 1.9\ 0\ 0 \\
\hline
3.2\ 4\ 8
\end{array}
$$

7.
$$
\begin{array}{r}
5.6\ 7\ 7 \\
+\ 2.8\ 0\ 0 \\
\hline
8.4\ 7\ 7
\end{array}
$$

8.
$$
\begin{array}{r}
4.8\ 0\ 0 \\
+\ 1.9\ 1\ 3 \\
\hline
6.7\ 1\ 3
\end{array}
$$

9.
$$
\begin{array}{r}
2.3\ 6\ 1 \\
+\ 7.7\ 0\ 0 \\
\hline
1\ 0.0\ 6\ 1
\end{array}
$$

10.
$$
\begin{array}{r}
2.1\ 5\ 3 \\
+\ 1.5\ 0\ 0 \\
\hline
3.6\ 5\ 3
\end{array}\ (kg)
$$

11.
$$
\begin{array}{r}
3.9\ 0\ 0 \\
+\ 0.7\ 0\ 3 \\
\hline
4.6\ 0\ 3
\end{array}\ (kg)
$$

12.
$$
\begin{array}{r}
1.1\ 2\ 9 \\
+\ 1.4\ 0\ 0 \\
\hline
2.5\ 2\ 9
\end{array}\ (kg)
$$

13.
$$
\begin{array}{r}
2.5\ 0\ 0 \\
+\ 0.9\ 3\ 6 \\
\hline
3.4\ 3\ 6
\end{array}\ (kg)
$$

14.
$$
\begin{array}{r}
7.7\ 0\ 0 \\
+\ 1.3\ 6\ 4 \\
\hline
9.0\ 6\ 4
\end{array}\ (kg)
$$

15.
$$
\begin{array}{r}
4.5\ 0\ 1 \\
+\ 0.6\ 0\ 0 \\
\hline
5.1\ 0\ 1
\end{array}\ (kg)
$$

16.
$$
\begin{array}{r}
6.9\ 0\ 4 \\
+\ 0.5\ 0\ 0 \\
\hline
7.4\ 0\ 4
\end{array}\ (kg)
$$

17.
$$
\begin{array}{r}
8.0\ 0\ 5 \\
+\ 1.6\ 0\ 0 \\
\hline
9.6\ 0\ 5
\end{array}\ (kg)
$$

18.
$$
\begin{array}{r}
3.6\ 0\ 0 \\
+\ 1.5\ 1\ 4 \\
\hline
5.1\ 1\ 4
\end{array}\ (kg)
$$

05 소수 한 자리 수와 소수 세 자리 수의 덧셈⑵ | 104~105쪽

1. 0.815
2. 1.905
3. 4.906
4. 3.814
5. 10.524
6. 4.213
7. 7.043
8. 6.858
9. 12.105
10. 12.182
11. 9.175
12. 8.504
13. 9.713
14. 9.135
15. 11.509
16. 7.324
17. 11.104
18. 6.536
19. 8.101

12. 6.304+2.2=6.304+2.200=8.504
14. 5.6+3.535=5.600+3.535=9.135
16. 4.2+3.124=4.200+3.124=7.324
19. 6.401+1.7=6.401+1.700=8.101

06 소수 두 자리 수와 소수 세 자리 수의 덧셈⑴ | 106~107쪽

1.
```
    0 . 3 7 0
  + 0 . 1 0 4
    0 . 4 7 4
```

2.
```
    1 . 2 6 0
  + 4 . 3 0 4
    5 . 5 6 4
```

3.
```
    6 . 0 7 0
  + 0 . 2 7 8
    6 . 3 4 8
```

4.
```
    7 . 1 8 3
  + 1 . 0 9 0
    8 . 2 7 3
```

5.
```
    2 . 3 6 4
  + 8 . 6 4 0
  1 1 . 0 0 4
```

6.
```
    0 . 1 8 7
  + 3 . 9 2 0
    4 . 1 0 7
```

7.
```
    5 . 4 5 9
  + 5 . 8 6 0
  1 1 . 3 1 9
```

8.
```
    9 . 0 3 7
  + 1 . 1 9 0
  1 0 . 2 2 7
```

9.
```
    3 . 8 2 1
  + 2 . 0 8 0
    5 . 9 0 1
```

10. 풀이 참조

10.

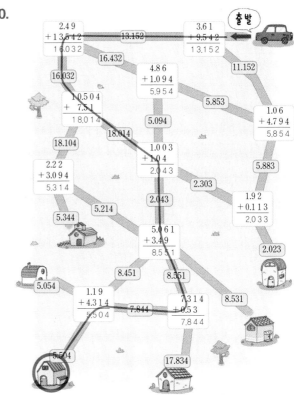

07 소수 두 자리 수와 소수 세 자리 수의 덧셈⑵ | 108~109쪽

1. 0.432
2. 0.868
3. 1.384
4. 3.476
5. 7.421
6. 4.399
7. 12.974
8. 6.718
9. 14.998
10. 11.134
11. 7.703
12. 11.605
13. 10.811
14. 6.042
15. 11.304
16. 5.456
17. 9.002
18. 5.298

08 □ 안에 알맞은 수 구하기 | 110~111쪽

(위부터)

1. 4, 9
2. 9, 1
3. 1, 2
4. 4, 4
5. 9, 2
6. 8, 9
7. 6, 7
8. 9, 1
9. 1, 2
10. 1, 5
11. 5, 6
12. 6, 1
13. 3, 4
14. 1, 8

1.
```
    5. ㉡ 9
  + 1. 5  0
    6. 9  ㉠
```
㉠=9+0=9
㉡+5=9, ㉡=4

2.
```
    ㉡. 3  0
  + 5. 8  6
  1 5. ㉠  6
```
3+8=11, ㉠=1
1+㉡+5=15, ㉡=9

3.
```
    ㉡. 4  9
  + 2. 8  0
    4. ㉠  9
```
4+8=12, ㉠=2
1+㉡+2=4, ㉡=1

4.
```
    8. ㉠  5
  + ㉡. 7  0
  1 3. 1  5
```
㉠+7=11, ㉠=4
1+8+㉡=13, ㉡=4

5.
```
    1. 0  0  2
  + 4. ㉡  8  0
    5. 9  8  ㉠
```
㉠=2+0=2
0+㉡=9, ㉡=9

6.
```
    5. ㉡  0  0
  + 0. 4  1  ㉠
    6. 2  1  9
```
0+㉠=9, ㉠=9
㉡+4=12, ㉡=8

7.
```
    0. 3     0
  + 0. ㉡  ㉠
    0. 9     7
```
0+㉠=7, ㉠=7
3+㉡=9, ㉡=6

8.
```
    2. ㉠  0
  + ㉡. 5  7
    4. 4  7
```
㉠+5=14, ㉠=9
1+2+㉡=4, ㉡=1

9.
```
    4. ㉠  8  0
  + ㉡. 0  6  3
    6. 2  4  3
```
소수 둘째 자리의 계산이
8+6=14이므로
1+㉠+0=2, ㉠=1
4+㉡=6, ㉡=2

10.
```
    1. ㉡  6  ㉠
  + 1. 2  5  0
    2. 4  1  5
```
㉠+0=5, ㉠=5
소수 둘째 자리의 계산이
6+5=11이므로
1+㉡+2=4, ㉡=1

11.
```
    ㉡. 9  6
  + 2. ㉠  0
    8. 5  6
```
9+㉠=15, ㉠=6
1+㉡+2=8, ㉡=5

12.
```
    5. 5  0
  + 5. ㉠  4
  1 ㉡. 1  4
```
5+㉠=11, ㉠=6
일의 자리 계산이
1+5+5=11이므로
㉡=1

13.
```
    0. 4  4  8
  + 0. ㉡  0  0
    0. 7  ㉠  8
```
㉠=4+0=4
4+㉡=7, ㉡=3

14.
```
    1. ㉡  6  8
  + 2. 9  0  0
    4. 0  6  ㉠
```
㉠=8+0=8
㉡+9=10, ㉡=1

09 길이의 합 구하기　112~113쪽

1.

	5	.	7	0	0	m
+	2	.	1	9	4	m
	7	.	8	9	4	m

2.

	1	9	.	3	0	m
+	2	0	.	6	6	m
	3	9	.	9	6	m

3.

	4	.	0	4	8	m
+	6	.	1	7	0	m
1	0	.	2	1	8	m

4.

	7 .	2	4	0	m
+	8 .	6	0	5	m
1	5 .	8	4	5	m

5.

	1	2 .	5	0	m
+		8 .	9	7	m
	2	1 .	4	7	m

6.

	0 .	5	4	0	m
+	2 .	3	6	1	m
	2 .	9	0	1	m

7.

	3	3 .	5	6	m
+		7 .	8	0	m
	4	1 .	3	6	m

8.

		6 .	5	2	m
+	1	4 .	2	0	m
	2	0 .	7	2	m

9. 38.26 **10.** 31.1

11. 7.467 **12.** 3.516

13. 7.178 **14.** 8.956

15. 21.02 **16.** 11.12

; 쥐불놀이

9.

	1	3 .	7	0	
+	2	4 .	5	6	
	3	8 .	2	6	(m)

10.

	2	7 .	5	
+		3 .	6	
	3	1 .	1	(m)

11.

	2 .	5	6	0	
+	4 .	9	0	7	
	7 .	4	6	7	(m)

12.

	1 .	5	0	0	
+	2 .	0	1	6	
	3 .	5	1	6	(m)

13.

	1 .	7	0	0	
+	5 .	4	7	8	
	7 .	1	7	8	(m)

14.

	2 .	4	3	6	
+	6 .	5	2	0	
	8 .	9	5	6	(m)

15.

	1	8 .	4	2	
+		2 .	6	0	
	2	1 .	0	2	(m)

16.

	3 .	1	0	
+	8 .	0	2	
1	1 .	1	2	(m)

10 집중 연산 ❶　　114~115쪽

1. 1.85 **2.** 0.828

(왼쪽부터)

3. 13.414, 8.614 **4.** 12.408, 8.61

5. 12.51, 7.01 **6.** 11.415, 8.288

7. 9.102, 10.19 **8.** 22.073, 13.503

9. 11.5, 23.5 **10.** 14.114, 19.29

11. 13.25 **12.** 76.8

13. 12.92, 13.692 **14.** 12.585, 15.485

15. 68.5, 81.52 **16.** 6.55, 8.123

17. 9.232, 9.352 **18.** 18.25, 30.25

11 집중 연산 ❷　　116~117쪽

1. 5.52 **2.** 9.77

3. 6.94 **4.** 10.26

5. 10.246 **6.** 9.044

7. 10.909 **8.** 8.005

9. 5.992 **10.** 13.127

11. 11.249 **12.** 14.619

13. 25.928 **14.** 55.93

15. 21.151

16. 18.7, 29.5 **17.** 14.95, 13.08

18. 28.848, 33.607 **19.** 10.25, 19.67

20. 25.176, 27.055 **21.** 1.25, 1.78

22. 9.334, 5.421 **23.** 13.392, 2.844

24. 22.69, 40.55 **25.** 113.02, 10.85

26. 4.284, 11.792 **27.** 9.334, 12.375

6 자릿수가 같은 소수의 뺄셈

01 1보다 작은 소수 한 자리 수의 뺄셈 120~121쪽

1.
$$\begin{array}{r} 0.8 \\ -\ 0.4 \\ \hline 0.4 \end{array}$$

2.
$$\begin{array}{r} 0.4 \\ -\ 0.1 \\ \hline 0.3 \end{array}$$

3.
$$\begin{array}{r} 0.5 \\ -\ 0.3 \\ \hline 0.2 \end{array}$$

4.
$$\begin{array}{r} 0.7 \\ -\ 0.6 \\ \hline 0.1 \end{array}$$

5.
$$\begin{array}{r} 0.8 \\ -\ 0.6 \\ \hline 0.2 \end{array}$$

6.
$$\begin{array}{r} 0.4 \\ -\ 0.2 \\ \hline 0.2 \end{array}$$

7.
$$\begin{array}{r} 0.3 \\ -\ 0.1 \\ \hline 0.2 \end{array}$$

8.
$$\begin{array}{r} 0.4 \\ -\ 0.3 \\ \hline 0.1 \end{array}$$

9.
$$\begin{array}{r} 0.6 \\ -\ 0.2 \\ \hline 0.4 \end{array}$$

10. 0.7
11. 0.4, 0.5
12. 0.9−0.1=0.8
13. 0.9−0.3=0.6
14. 0.9−0.6=0.3
15. 0.9−0.7=0.2
16. 0.9−0.5=0.4
17. 0.9−0.8=0.1

02 1보다 큰 소수 한 자리 수의 뺄셈 122~123쪽

1.
$$\begin{array}{r} 7.7 \\ -\ 3.5 \\ \hline 4.2 \end{array}$$

2.
$$\begin{array}{r} 2.5 \\ -\ 1.3 \\ \hline 1.2 \end{array}$$

3.
$$\begin{array}{r} 5.5 \\ -\ 4.4 \\ \hline 1.1 \end{array}$$

4.
$$\begin{array}{r} 9.7 \\ -\ 6.3 \\ \hline 3.4 \end{array}$$

5.
$$\begin{array}{r} 6.7 \\ -\ 2.8 \\ \hline 3.9 \end{array}$$

6.
$$\begin{array}{r} 6.2 \\ -\ 4.8 \\ \hline 1.4 \end{array}$$

7.
$$\begin{array}{r} 10.8 \\ -\ \ 8.5 \\ \hline 2.3 \end{array}$$

8.
$$\begin{array}{r} 26.5 \\ -\ \ 7.6 \\ \hline 18.9 \end{array}$$

9.
$$\begin{array}{r} 43.3 \\ -\ 13.4 \\ \hline 29.9 \end{array}$$

10. 4.5 ; 4.5
11. 5.1, 14.7 ; 14.7
12. 18.1−5.9=12.2 ; 12.2
13. 19.9−6.6=13.3 ; 13.3
14. 20.1−10.5=9.6 ; 9.6
15. 18.7−7.8=10.9 ; 10.9
16. 14.1−7.4=6.7 ; 6.7

화요일

03 1보다 작은 소수 두 자리 수의 뺄셈 124~125쪽

1.
$$\begin{array}{r} 0.06 \\ -\ 0.03 \\ \hline 0.03 \end{array}$$

2.
$$\begin{array}{r} 0.32 \\ -\ 0.31 \\ \hline 0.01 \end{array}$$

3.
$$\begin{array}{r} 0.53 \\ -\ 0.11 \\ \hline 0.42 \end{array}$$

4.
$$\begin{array}{r} 0.98 \\ -\ 0.93 \\ \hline 0.05 \end{array}$$

5.
$$\begin{array}{r} 0.65 \\ -\ 0.53 \\ \hline 0.12 \end{array}$$

6.
$$\begin{array}{r} 0.41 \\ -\ 0.12 \\ \hline 0.29 \end{array}$$

7.

	0	.	7	4
−	0	.	4	7
	0	.	2	7

8.

	0	.	9	1
−	0	.	3	7
	0	.	5	4

9.

	0	.	4	3
−	0	.	2	9
	0	.	1	4

10. 0.38, 0.31   **11.** 0.33, 0.41

12. 0.12, 0.22   **13.** 0.11, 0.32

14. 0.94, 0.86   **15.** 0.04, 0.27

미륵사지 석탑

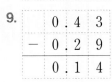

04 1보다 큰 소수 두 자리 수의 뺄셈   126~127쪽

1.

	1	.	2	3
−	1	.	0	2
	0	.	2	1

2.

	2	.	3	8
−	1	.	1	6
	1	.	2	2

3.

	8	.	8	2
−	5	.	0	1
	3	.	8	1

4.

	5	.	8	8
−	3	.	2	1
	2	.	6	7

5.

	6	.	5	1
−	2	.	2	7
	4	.	2	4

6.

	7	.	5	9
−	4	.	8	6
	2	.	7	3

7.

	2	8	.	0	5
−		3	.	9	4
	2	4	.	1	1

8.

	2	9	.	6	4
−	1	6	.	0	6
	1	3	.	5	8

9.

	7	1	.	6	6
−	3	4	.	5	7
	3	7	.	0	9

10. (1) 2.82   (2) 46.91, 10.16

11. (1) 3.02   (2) 58.12, 6.18

12. (1) 29.48−26.42=3.06

(2) 59.35−57.92=1.43

13. (1) 24.23−22.43=1.8

(2) 55.64−49.82=5.82

05 1보다 작은 소수 세 자리 수의 뺄셈   128~129쪽

1.

	0	.	0	9	3
−	0	.	0	0	2
	0	.	0	9	1

2.

	0	.	5	1	6
−	0	.	4	1	3
	0	.	1	0	3

3.

	0	.	3	8	6
−	0	.	2	0	5
	0	.	1	8	1

4.

	0	.	6	2	4
−	0	.	1	9	5
	0	.	4	2	9

5.

	0	.	7	6	6
−	0	.	5	0	7
	0	.	2	5	9

6.

	0	.	5	0	8
−	0	.	0	1	4
	0	.	4	9	4

7.

	0	.	8	6	4
−	0	.	3	9	9
	0	.	4	6	5

8.

	0	.	1	0	5
−	0	.	0	1	2
	0	.	0	9	3

9.

	0	.	2	3	9
−	0	.	1	8	2
	0	.	0	5	7

10.

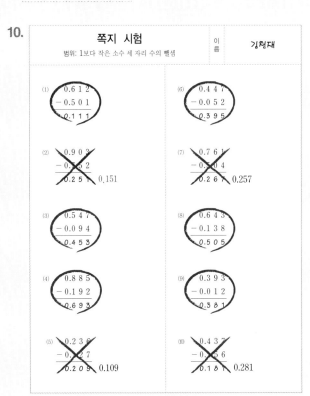

06 1보다 큰 소수 세 자리 수의 뺄셈 130~131쪽

1.
```
  1 . 0 4 5
-  1 . 0 3 3
  0 . 0 1 2
```

2.
```
  2 . 1 9 3
-  1 . 0 0 2
  1 . 1 9 1
```

3.
```
  5 . 5 3 7
-  3 . 0 2 4
  2 . 5 1 3
```

4.
```
  5 . 3 4 2
-  3 . 0 0 4
  2 . 3 3 8
```

5.
```
  4 . 6 2 7
-  1 . 3 7 8
  3 . 2 4 9
```

6.
```
  6 . 5 0 4
-  2 . 0 9 9
  4 . 4 0 5
```

7.
```
  2 7 . 9 5 1
-  2 6 . 4 0 8
    1 . 5 4 3
```

8.
```
  5 3 . 1 1 6
-  3 1 . 9 9 6
  2 1 . 1 2 0
```

9.
```
  4 4 . 8 1 6
-  1 6 . 9 2 9
  2 7 . 8 8 7
```

10. 0.051
11. 0.493
12. 18.151, 1.446
13. 16.705, 0.997
14. $18.355-16.151=2.204$
15. $18.355-15.905=2.45$
16. $18.053-16.411=1.642$
17. $17.254-16.411=0.843$

07 □ 안에 알맞은 수 구하기 132~133쪽

1. 1.1, 3.4
2. 5.2, 5.8
3. 2.21, 6.58
4. 7.14, 9.24
5. 1.012, 3.629
6. 1.242, 4.315

7. 0.5
8. 1.9
9. 0.48
10. 0.49
11. 2.345
12. 0.513
13. 0.39
14. 6.6
15. 0.502
16. 7.032

수수께끼

온 가족이 매일 쓰는 약은 ; 치약

6. $1.126+□=2.368$
   ➡ $2.368-1.126=□$, $□=1.242$
   $7.712+□=12.027$
   ➡ $12.027-7.712=□$, $□=4.315$
13. $3.64+□=4.03$
    ➡ $4.03-3.64=□$, $□=0.39$
14. $□+4.2=10.8$
    ➡ $10.8-4.2=□$, $□=6.6$
15. $6.183+□=6.685$
    ➡ $6.685-6.183=□$, $□=0.502$
16. $0.234+□=7.266$
    ➡ $7.266-0.234=□$, $□=7.032$

08 집중 연산 ❶ 134~135쪽

1. 0.2
2. 3.1
3. 0.41
4. 6.34
5. 0.401
6. 2.103
7. 5.23
8. 4.21
9. 2.09
10. 4.7
11. 3.114
12. 2.851

(위부터)
13. 3.8, 1.2
14. 4.01, 1.05
15. 6.11, 3.27
16. 4, 4.7
17. 0.82, 3.45
18. 8.4, 4.1
19. 9.5, 3.61
20. 1.892, 4.12
21. 4.039, 5.032

09 집중 연산 ❷   136~137쪽

1. 0.6   2. 0.1   3. 0.11
4. 1.8   5. 2.8   6. 0.12
7. 0.06   8. 0.011   9. 0.173
10. 7.59   11. 0.221   12. 1.088
13. 6.7   14. 3.16   15. 5.66
16. 0.1, 0.5   17. 0.9, 2.6
18. 0.53, 0.44   19. 1.22, 2.93
20. 0.535, 0.019   21. 0.257, 3.689
22. 3.4, 13.5   23. 2.01, 7.95
24. 3.47, 30.3   25. 6.29, 6.27

7 자릿수가 다른 소수의 뺄셈

01 소수 한 자리 수와 소수 두 자리 수의 뺄셈 (1)   140~141쪽

1.
$$\begin{array}{r} 7.75 \\ -\ 0.60 \\ \hline 7.15 \end{array}$$

2.
$$\begin{array}{r} 3.82 \\ -\ 2.40 \\ \hline 1.42 \end{array}$$

3.
$$\begin{array}{r} 9.01 \\ -\ 3.50 \\ \hline 5.51 \end{array}$$

4.
$$\begin{array}{r} 6.20 \\ -\ 3.15 \\ \hline 3.05 \end{array}$$

5.
$$\begin{array}{r} 4.20 \\ -\ 0.06 \\ \hline 4.14 \end{array}$$

6.
$$\begin{array}{r} 5.90 \\ -\ 1.04 \\ \hline 4.86 \end{array}$$

7.
$$\begin{array}{r} 18.10 \\ -\ 5.79 \\ \hline 12.31 \end{array}$$

8.
$$\begin{array}{r} 27.53 \\ -\ 12.90 \\ \hline 14.63 \end{array}$$

9.
$$\begin{array}{r} 14.90 \\ -\ 6.84 \\ \hline 8.06 \end{array}$$

10.
$$\begin{array}{r} 7.50 \\ -\ 3.04 \\ \hline 4.46 \end{array} \text{(kg)}$$

11.
$$\begin{array}{r} 9.53 \\ -\ 1.30 \\ \hline 8.23 \end{array} \text{(kg)}$$

12.
$$\begin{array}{r} 7.50 \\ -\ 2.05 \\ \hline 5.45 \end{array} \text{(kg)}$$

13.
$$\begin{array}{r} 9.53 \\ -\ 2.70 \\ \hline 6.83 \end{array} \text{(kg)}$$

14.
$$\begin{array}{r} 8.70 \\ -\ 5.04 \\ \hline 3.66 \end{array} \text{(kg)}$$

15.
$$\begin{array}{r} 7.80 \\ -\ 5.01 \\ \hline 2.79 \end{array} \text{(kg)}$$

16.
$$\begin{array}{r} 8.70 \\ -\ 4.88 \\ \hline 3.82 \end{array} \text{(kg)}$$

17.
$$\begin{array}{r} 7.80 \\ -\ 3.35 \\ \hline 4.45 \end{array} \text{(kg)}$$

02 소수 한 자리 수와 소수 두 자리 수의 뺄셈 (2)   142~143쪽

1. 0.65   2. 0.15
3. 0.13   4. 5.36
5. 2.36   6. 1.06
7. 4.94   8. 0.68
9. 7.74   10. 4.45
11. 3.52   12. 4.19
13. $3.95-1.8=2.15$
14. $2.45-1.9=0.55$
15. $3.6-1.75=1.85$
16. $2.3-1.95=0.35$
17. $3.5-2.23=1.27$
18. $4.3-2.55=1.75$

03 소수 한 자리 수와 소수 세 자리 수의 뺄셈⑴ 144~145쪽

1.
```
   0 . 8 1 6
 - 0 . 3 0 0
 ─────────────
   0 . 5 1 6
```

2.
```
   9 . 5 0 4
 - 0 . 2 0 0
 ─────────────
   9 . 3 0 4
```

3.
```
   8 . 9 7 2
 - 7 . 9 0 0
 ─────────────
   1 . 0 7 2
```

4.
```
   7 . 3 0 0
 - 0 . 4 0 5
 ─────────────
   6 . 8 9 5
```

5.
```
   5 . 5 0 0
 - 2 . 4 2 3
 ─────────────
   3 . 0 7 7
```

6.
```
   4 . 0 4 7
 - 1 . 9 0 0
 ─────────────
   2 . 1 4 7
```

7.
```
   2 4 . 6 0 0
 - 1 3 . 7 9 6
 ───────────────
   1 0 . 8 0 4
```

8.
```
   1 8 . 2 0 0
 -    5 . 7 4 6
 ───────────────
   1 2 . 4 5 4
```

9.
```
   1 2 . 1 0 0
 -    3 . 0 1 4
 ───────────────
      9 . 0 8 6
```

10.
```
   9 . 3 0 0
 - 8 . 0 5 7
 ─────────────
   1 . 2 4 3
```

11.
```
   4 . 7 0 0
 - 2 . 8 8 2
 ─────────────
   1 . 8 1 8
```

12.
```
   8 . 6 0 0
 - 1 . 1 7 6
 ─────────────
   7 . 4 2 4
```

13.
```
   6 . 1 0 0
 - 2 . 1 2 7
 ─────────────
   3 . 9 7 3
```

14.
```
   2 . 8 9 4
 - 1 . 7 0 0
 ─────────────
   1 . 1 9 4
```

15.
```
   4 . 0 6 3
 - 2 . 4 0 0
 ─────────────
   1 . 6 6 3
```

16.
```
   3 . 3 1 6
 - 1 . 8 0 0
 ─────────────
   1 . 5 1 6
```

17.
```
   5 . 6 3 7
 - 3 . 8 0 0
 ─────────────
   1 . 8 3 7
```

수수께끼

가장 뜨거운 복숭아 ; 천도복숭아

04 소수 한 자리 수와 소수 세 자리 수의 뺄셈⑵ 146~147쪽

1. 1.123 2. 0.294
3. 0.153 4. 2.081
5. 3.927 6. 3.753
7. 2.952 8. 0.997
9. 1.804 10. 11.029
11. 0.026 12. 0.104
13. 0.225 14. 0.105
15. 0.198 16. 0.162
17. 0.154 18. 0.126

05 소수 두 자리 수와 소수 세 자리 수의 뺄셈⑴ 148~149쪽

1.
```
   0 . 8 5 3
 - 0 . 7 2 0
 ─────────────
   0 . 1 3 3
```

2.
```
   3 . 2 5 6
 - 1 . 0 4 0
 ─────────────
   2 . 2 1 6
```

3.
```
   1 . 0 8 4
 - 0 . 0 3 0
 ─────────────
   1 . 0 5 4
```

4.
```
   0 . 4 8 0
 - 0 . 2 7 6
 ─────────────
   0 . 2 0 4
```

5.
```
   9 . 9 5 0
 - 2 . 7 9 3
 ─────────────
   7 . 1 5 7
```

6.
```
   5 . 0 4 0
 - 1 . 0 0 4
 ─────────────
   4 . 0 3 6
```

7.
```
   1 2 . 4 3 0
 - 1 0 . 1 6 2
 ───────────────
      2 . 2 6 8
```

8.

```
    4 4 . 0 0 3
  - 2 1 . 2 6 0
    2 2 . 7 4 3
```

9.

```
    3 7 . 6 2 0
  -    5 . 5 4 3
    3 2 . 0 7 7
```

10.

```
    0 . 7 5 7
  - 0 . 5 9 0
    0 . 1 6 7
```

11.

```
    0 . 6 0 3
  - 0 . 1 2 0
    0 . 4 8 3
```

12.

```
    6 . 2 9 0
  - 1 . 0 5 2
    5 . 2 3 8
```

13.

```
    4 . 0 7 0
  - 2 . 1 4 5
    1 . 9 2 5
```

14.

```
    2 . 4 9 5
  - 1 . 7 3 0
    0 . 7 6 5
```

15.

```
    1 . 6 3 8
  - 1 . 1 4 0
    0 . 4 9 8
```

16.

```
    7 . 6 7 0
  - 3 . 1 1 8
    4 . 5 5 2
```

17.

```
    3 . 6 6 0
  - 0 . 7 8 4
    2 . 8 7 6
```

연상퀴즈

다리, 바다, 먹물, 여덟 ; 문어

---

06 소수 두 자리 수와 소수 세 자리 수의 뺄셈 ⑵ | 150~151쪽

1. 0.023 **2.** 0.002

3. 1.548 **4.** 3.069

5. 0.058 **6.** 4.623

7. 2.086 **8.** 0.477

9. 11.994 **10.** 11.739

11. Yes에 ○표 **12.** Yes에 ○표

13. No에 ○표 ; 7.872 **14.** No에 ○표 ; 11.034

15. Yes에 ○표 **16.** No에 ○표 ; 2.074

17. Yes에 ○표

13. 9.95−2.078=7.872

14. 14.28−3.246=11.034

16. 5.094−3.02=2.074

---

07 자연수와 소수의 뺄셈 | 152~153쪽

1.

```
    5 . 6
  - 2 . 0
    3 . 6
```

2.

```
    9 . 0
  - 3 . 6
    5 . 4
```

3.

```
    4 . 0
  - 1 . 5
    2 . 5
```

4.

```
    7 . 5 4
  - 6 . 0 0
    1 . 5 4
```

5.

```
    8 . 0 0
  - 6 . 0 5
    1 . 9 5
```

6.

```
    7 . 0 0
  - 2 . 5 3
    4 . 4 7
```

7.

```
    8 . 9 2 4
  - 6 . 0 0 0
    2 . 9 2 4
```

8.

```
    2 . 0 0 0
  - 0 . 1 0 4
    1 . 8 9 6
```

9.

```
    5 . 0 0 0
  - 4 . 0 5 6
    0 . 9 4 4
```

10. 15.4, 19.05, 22.2

11. 16.44, 11.5, 18.93

12. 29.1, 32.12, 21.7

08 □ 안에 알맞은 수 구하기 **154~155쪽**

(위부터)
1. 2, 4
2. 9, 7
3. 5, 2
4. 4, 8
5. 6, 1
6. 5, 8
7. 1, 8 ; 7에 ×표
8. 2, 3 ; 4에 ×표
9. 2, 7 ; 5에 ×표
10. 4, 3 ; 5에 ×표
11. 1, 0 ; 3에 ×표
12. 7, 4 ; 2에 ×표
13. 9, 3 ; 6에 ×표

1.
```
    1. 5   4
  − 1.[㉠]  0
─────────
    0. 3  [㉡]
```
4−0=㉡, ㉡=4
5−㉠=3, ㉠=2

2.
```
     7  14  10
     8. 8̶   0̶
  −  4. 7  [㉡]
───────────
     3.[㉠]  1
```
받아내림하여 계산을 합니다.
10+0−㉡=1, ㉡=9
10+5−1−7=㉠, ㉠=7

3.
```
    4. 3  3  [㉡]
  − 2.[㉠]  0  0
──────────────
    2. 1  3  5
```
㉡−0=5, ㉡=5
3−㉠=1, ㉠=2

4.
```
       8  9  10
    9. 9̶  0̶  0̶
  − 7.0  1  [㉡]
──────────────
    2.8 [㉠]  6
```
받아내림하여 계산을 합니다.
10+0−㉡=6, ㉡=4
10+0−1−1=㉠, ㉠=8

5.
```
       5  10
    [㉠̶]. 3  6  7
  −   5 . 9  5  0
──────────────
      0 . 4  [㉡]  7
```
6−5=㉡, ㉡=1
㉠−1−5=0, ㉠=6

6.
```
    6  10  8  10
    7̶. 3  8̶  0̶
  − 3.[㉠] 0  2
──────────────
    3. 8  8  [㉡]
```
받아내림하여 계산을 합니다.
10+0−2=㉡, ㉡=8
10+3−㉠=8, ㉠=5

09 길이의 차 구하기 **156~157쪽**

1.
```
    8. 2  0
  − 1. 3  9
─────────
    6. 8  1  (m)
```

2.
```
    2. 6  0
  − 1. 8  4
─────────
    0. 7  6  (m)
```

3.
```
    6. 7  6
  − 1. 8  0
─────────
    4. 9  6  (m)
```

4.
```
    3. 0  6
  − 0. 5  0
─────────
    2. 5  6  (m)
```

5.
```
    9. 2  6  1
  − 8. 1  7  0
────────────
    1. 0  9  1  (m)
```

6.
```
    5. 4  0  0
  − 3. 0  5  2
────────────
    2. 3  4  8  (m)
```

7.
```
    4. 0  2  6
  − 1. 5  0  0
────────────
    2. 5  2  6  (m)
```

8.
```
    3. 9  2  0
  − 0. 4  6  3
────────────
    3. 4  5  7  (m)
```

9. 19.33
10. 12.37
11. 12.59
12. 7.15
13. 25.52
14. 12.36
15. 8.69
16. 10.67

10. 71.8−59.43=12.37 (cm)
11. 52.09−39.5=12.59 (cm)
12. 57.25−50.1=7.15 (cm)
13. 45.7−20.18=25.52 (cm)

14. $38.9-26.54=12.36$ (cm)
15. $25.19-16.5=8.69$ (cm)
16. $40.27-29.6=10.67$ (cm)

10 집중 연산 ❶　158~159쪽

1. 1.914
2. 11.4
3. 1.6, 2.77
4. 1.946, 4.901
5. 9.36, 7.96
6. 0.993, 1.553
7. 5.607, 4.25
8. 7.91, 11.7
9. 4.224, 6.984
10. 6.25, 3.18
11. 0.75
12. 4.03

(위부터)
13. 4.46, 6.54
14. 13.73, 2.27
15. 2.566, 1.534
16. 0.419, 4.164
17. 3.051, 1.589
18. 0.66, 1.83
19. 10.36, 1.74
20. 1.736, 1.17

11 집중 연산 ❷　160~161쪽

1. 3.11
2. 4.69
3. 4.63
4. 2.53
5. 1.66
6. 5.026
7. 2.545
8. 1.665
9. 2.106
10. 1.4
11. 16.5
12. 2.85
13. 1.056
14. 5.086
15. 9.454
16. 0.55, 1.25
17. 4.14, 2.53
18. 5.846, 2.784
19. 1.797, 0.564
20. 0.163, 7.029
21. 1.595, 0.972
22. 1.5, 8.8
23. 4.13, 7.524
24. 8.55, 8.96
25. 13.481, 15.03

8 세 소수의 덧셈과 뺄셈

01 세 소수의 덧셈　164~165쪽

1. (계산 순서대로) 3.9, 6.8, 6.8
2. (계산 순서대로) 5.5, 7.1, 7.1
3. 10.1
4. 42.6
5. 3.44
6. 41.8
7. 13.45
8. 14
9. 507.8
10. 635.9
11. 387.14
12. 810.8
13. 762
14. 695.3
15. 838.8

일

02 세 소수의 뺄셈　166~167쪽

1. (계산 순서대로) 3.5, 2.9, 2.9
2. (계산 순서대로) 15.03, 4.3, 4.3
3. 10.1
4. 4.1
5. 3.8
6. 1.5
7. 4.87
8. 28.71
9. 0.4, 8.93
10. 6.08, 0.07, 3.61
11. 11.03, 1.04, 2.49
12. 8.5, 2.81, 2.29
13. 9.4, 1.29, 5.3
14. 10.6, 6.08, 0.4, 4.12
15. 1.75, 0.07, 1.3, 0.38

03 세 소수의 덧셈과 뺄셈(1)　168~169쪽

1. (계산 순서대로) 3.1, 2.05, 2.05
2. (계산 순서대로) 9.25, 6.05, 6.05

3. 24.91		4. 11	
5. 8.1		6. 5.01	
7. 5.7		8. 10.7	
9. 4.18		10. 6.99	
11. 0.31		12. 3.21	
13. 7.51		14. 5.02	
15. 2.88		16. 7.47	

긴바지, 빨간색 가방 ;에 ○표

04 세 소수의 덧셈과 뺄셈(2)　170~171쪽

1. (계산 순서대로) 1.21, 2.71, 2.71
2. (계산 순서대로) 4.8, 5.89, 5.89

3. 8.75		4. 1.55	
5. 2.07		6. 6.89	
7. 3.5		8. 3.78	
9. 0.93		10. 1.54	
11. 6.18		12. 3.38	
13. 0.5		14. 0.04	
15. 16.77		16. 6.52	
17. 11.94		18. 17	

수수께끼

탈 중에 쓰지 못하는 탈은 ; 배탈

05 집중 연산 ❶　172~173쪽

1. 5.64, 9.23	2. 3.02, 2.96
3. 17.4, 6.63	4. 9.72, 0.48
5. 8.7, 14.4	6. 3.16, 0.98
7. 12.4, 24.1	8. 8, 2.5
9. 4.14, 5	10. 14.77, 8.2

11. 0.8		12. 3.4	
13. 2.1		14. 6.2	
15. 10.6		16. 3.4	
17. 4.9		18. 2.17	
19. 0.12		20. 3.1	
21. 12.4		22. 6.59	

06 집중 연산 ❷　174~175쪽

1. 21.57	2. 13.19
3. 2.89	4. 5.6
5. 3.39	6. 5.24
7. 6.06	8. 4.24
9. 22.3	10. 18.06
11. 58.54	12. 1.22
13. 19.49	14. 5.72
15. 8.2	16. 4.86
17. 6.02	18. 4.66
19. 5.51	20. 4.26
21. 8.31	22. 8.4
23. 1.04	24. 17.22
25. 18.51	26. 2.08
27. 45.64	28. 2.06

빅터 연산

플러스 알파　176쪽

1. 88888.8, 888888.8, 8888888.8

수학 단원평가

각종 학교 시험, 한 권으로 끝내자!

수학 단원평가

초등 1~6학년(학기별)

쪽지시험, 단원평가, 서술형 평가 등 다양한 수행평가에 맞는 최신 경향의 문제 수록

A, B, C 세 단계 난이도의 단원평가로 실력을 점검하고 부족한 부분을 빠르게 보충 가능

기본 개념 문제로 구성된 쪽지시험과 단원평가 5회분으로 확실한 단원 마무리

정답은
이안에
있어!

수학 전문 교재

- **연산 학습**

빅터연산	예비초~6학년, 총 20권
창의융합 빅터연산	예비초~4학년, 총 16권

- **개념 학습**

개념클릭 해법수학	1~6학년, 학기용

- **수준별 수학 전문서**

해결의법칙(개념/유형/응용)	1~6학년, 학기용

- **단원평가 대비**

수학 단원평가	1~6학년, 학기용
일등전략 초등 수학	1~6학년, 학기용

- **단기완성 학습**

초등 수학전략	1~6학년, 학기용

- **상위권 학습**

최고수준 S 수학	1~6학년, 학기용
최고수준 수학	1~6학년, 학기용
최강 TOT 수학	1~6학년, 학년용

- **경시대회 대비**

해법 수학경시대회 기출문제	1~6학년, 학기용

예비 중등 교재

- **해법 반편성 배치고사 예상문제**   6학년
- **해법 신입생 시리즈(수학/영어)**   6학년

맞춤형 학교 시험대비 교재

- **열공 전과목 단원평가**   1~6학년, 학기용(1학기 2~6년)

한자 교재

- **한자능력검정시험 자격증 한번에 따기**   8~3급, 총 9권
- **씽씽 한자 자격시험**   8~5급, 총 4권
- **한자 전략**   8~5급Ⅱ, 총 12권

교육과 IT가 만나
새로운 미래를 만들어갑니다

Big Data

Edutech

빅데이터, AI, 에듀테크 저마다 기술을 말합니다.
40여 년의 교육 노하우에 IT기술을 접목한 최첨단 에듀테크!

기술이 공부의 흥미를 끌어올리고
빅데이터와 결합해 새로운 교육의 미래를 만들어 갑니다.
다음 세대의 미래가 눈부시게 빛나길, 천재교육이 함께 합니다.

교육과 IT의 만남